地球图书馆
DIQIU TUSHUGUAN
闯入生物世界
王可◎编
U0335502
成都地图出版

图书在版编目（CIP）数据

闯入生物世界 / 王可编 . —成都：成都地图出版社，2013. 4（2021. 5 重印）
（地球图书馆）
ISBN 978 - 7 - 80704 - 693 - 6

Ⅰ. ①闯… Ⅱ. ①王… Ⅲ. ①生物学 - 青年读物②生物学 - 少年读物 Ⅳ. ①Q-49

中国版本图书馆 CIP 数据核字（2013）第 076161 号

闯入生物世界
CHUANGRU SHENGWU SHIJIE

责任编辑：魏玲玲
封面设计：童婴文化

出版发行：成都地图出版社
地　　址：成都市龙泉驿区建设路 2 号
邮政编码：610100
电　　话：028 - 84884826（营销部）
传　　真：028 - 84884820

印　　刷：三河市人民印务有限公司
（如发现印装质量问题，影响阅读，请与印刷厂商联系调换）

开　　本：710mm × 1000mm　1/16
印　　张：14　　　　字　　数：230 千字
版　　次：2013 年 4 月第 1 版　　印　　次：2021 年 5 月第 8 次印刷
书　　号：ISBN 978 - 7 - 80704 - 693 - 6

定　　价：39. 80 元

前言 PREFACE

闯入生物世界

生物世界丰富多彩、五花八门、琳琅满目，可谓大千世界芸芸众生。神奇的昆虫世界、多彩绚丽的水下生物世界、奇妙的微生物世界、多姿的动植物世界，让你目不暇接，惊叹不已……

地球上到处充满着生命，展示着生物世界的丰富多彩。世界上最强的生物、最怪的生物、最大的生物、最毒的生物、会说话的生物、会跳舞蹈的生物等等，都让你感到生物世界的无比神奇……

那么世界上到底有多少种生物呢？目前而言，地球上已经被定义、命名的生物约有 1 000 万种左右。地球上有生物以来已经经历了至少 30 多亿年，根据许多生物分类学者及其他相关的学者推断，在这漫长的岁月里，以最保守的估计，至少有超过现存物种数十倍以上的物种灭绝了，换句话说，便是地球上已经绝种的生物至少在 1 亿种以上，这其中包括了多数的古生菌类、原生生物类、低等无脊椎动物类及低等无维管束植物类等。总的说来，地球上约有 1 000 万种已知的生物、约 1 000 万种未知的生物，以及约 1 亿种已经埋没于历史长河中的生物。

生物世界及其生命特征是丰富多彩的，从非常小的一个病毒到重达150吨的大鲸鱼；从慢性子的蜗牛到每小时能奔跑90千米的猎豹；植物借助于风、水和动物的迁移把自己的后代送向远方；仅苔癣植物就有13 000种之多，这些都无不说明大自然中每一样生命都是独特的，不可替代的。

本书不是要包罗万象地详细例举生物世界的每一物种及其生命形态，而是从生物分类角度典型地介绍生物世界的多样性与神秘性，生物世界是一个绚丽多彩、奥妙无穷的世界。在这一世界里有各种各样的生物，有我们所熟悉的，也有我们所不解的。该书图文并茂，带你闯入丰富的生物世界，尽飨生物王国的视觉大餐。

目录

CONTENTS

闯入生物世界

奇妙的昆虫世界

千姿百态的昆虫，是地球上最古老的动物之一，出现于三亿五千万年前的泥盆纪，至今已发展为种类最多的动物，全世界估计有1 000万种之多，中国的昆虫也在100万种左右。

昆虫世界是个奇妙的世界，昆虫世界所发生的奇迹给人们的启示以及昆虫所展露的独门绝活无不令人叹其奇妙。

走进昆虫世界

◎昆虫及其分类

昆虫不但是地球上的老住户（约3.5亿年前已在地球上定居），而且是个大家族。如果将世界上的动物暂定为120万种，昆虫则占据着所有动物种类的80%。人们习惯称昆虫为“百万大军”，要按这个数推算，我国至少有昆虫种类15万~20万种，约占世界昆虫种类的15%~20%。

20世纪80年代，有昆虫学家对巴西马瑙斯热带雨林中的树冠昆虫进行调查研究后认为，世界昆虫种类数量应为300万种之多，如果按此比例估算，我国昆虫种类应为45万~60万种，至少也不会低于25万~30万种。当然这些数字只是根据世界馆藏标本数量、历年新种递增统计，以及按不同区域、不同生态环境、不同季节时间调查结果归纳总结后所得。随着科学研究的深入发展，交通工具的发达、畅通，调查工作的广泛深入，采集手段的改进，以及统计、信息的准确性不断提高，相信昆虫种类的较为准确数字在不久的将来会展现于世人面前。

昆虫家族成员的数量及类群特征按昆虫分类阶梯，以纲目为单元简述如下。

无翅亚纲

本亚纲特点：体小，无翅，无变态。

（1）**原尾目**　已知62种。无眼、无触角、口器陷入头部，适用于钻刺取食，腹部12节。生活于湿地中的腐殖质及石块枯叶下，如原尾虫。1956年北京农业大学杨集昆先生在我国首次采到该昆虫。

（2）**弹尾目**　已知2 000余种，口器咀嚼式，内陷，缺复眼，腹部6节，第一、三、四节上有附肢，可弹跳。凡土壤、积水面、腐殖质间、草丛、树皮下均可见其踪迹，该目昆虫分布极广泛，常见的如跳虫。

衣　鱼

（3）**双尾目**　现已知200种以上。口器咀嚼式，陷入头内，缺复眼，触角长；腹部11节，有腹足痕迹及尾须2根。生活在腐殖质多的土中，如双尾虫。

（4）**缨尾目**　已知约500种。体长被鳞，口器外露，腹部11节，有腹足遗迹及尾须3根。生活于室内衣物及书籍中，也有的生活于石壁、朽木及腐殖质堆内，还有的寄居于蚁巢中。常见种有衣鱼、石硒等。

有翅亚纲

本亚纲特点：体大，有翅（或退化），有变态。

（5）**蜉蝣目**　已知约1 270种。口器退化（成虫），触角短刺形，前翅膜质，脉纹网状，后翅小或消失。幼虫生活于水中，成虫命短，如蜉蝣。成语中的“朝生暮死”即指此虫短暂的一生。

（6）**蜻蜓目**　已知约4 500种。头大而灵活，口器咀嚼式，触角刚毛状（鬃状）；胸部发达、倾斜，腹部长而狭；脉纹网状，小室多。为捕食性；幼虫水生，如蜻蜓。

（7）**襀（qì）翅目**　已知600~700种。头宽大，口器退化，触角长丝状；前翅膜质喜平叠于腹背，后翅臀角发达。幼期生活于水中，肉、植兼食，如石蝇。

（8）**足丝蚁目**　已知约135种。头扁，活动自如，咀嚼式口器，复眼发达，缺单眼；胸部发达，前足第一跗节膨大，有丝腺体。生活于热带某些植物的皮下，

蜻　蜓

营网状巢，如丝足蚁。

(9) **蛩（qióng）蠊（lián）目**　不超过 10 种。体细长，咀嚼式口器，触角丝状，复眼小，缺单眼，尾须长，雄虫有腹刺。生活于高山，如蛩蠊。我国于 1986 年，在吉林省长白山天池由中国科学院动物研究所王书永发现且首次记录。

(10) **竹节虫目**　已知约 2 000 种。体细长或扁宽，似竹枝或阔叶片；头小，咀嚼式口器，触角丝状，复眼小，翅或存或缺。有假死性，常作为拟态类昆虫代表种，如竹节虫。

(11) **蜚（fěi）蠊目**　约 2 250 余种。体扁，头小而斜，咀嚼式口器，触角长丝状，眼发达；前胸宽大如盾，前、后翅发达，也有缺翅种类。以腐殖质为食，多食性，生活于村舍、荒野及浅山间，如蜚蠊。

(12) **螳螂目**　已知约 1 550 余种。头三角形，极度灵活，口器咀嚼式，肉食性，触角丝状；前胸长，前足为捕捉足，中、后足细长善爬行。卵成块状，称螵（piāo）蛸（xiāo），为中药材。常见种有螳螂等。

螳　螂

(13) **等翅目**　已知约 1 600 种。咀嚼式口器，触角念珠状，多形态昆虫，营社会生活；翅狭长能脱落。本目昆虫多为木材及堤坝的大害虫，如白蚁。同巢中由蚁后、兵蚁、工蚁组成大群体。

(14) **革翅目**　已知约 1 050 种。体长，咀嚼式口器，触角鞭状；前翅短，革质；后翅腹质，扇形，翅膀放射状；尾须演化成较坚硬的铗，故又名耳夹子虫。多食性，喜腐殖质较多的环境，有筑巢育儿习性，是群集性昆虫中的代表种类，如蠼（qú）螋（sōu）。

(15) **重舌目**　目前仅知 2 种。我国尚未采到标本。体小而扁（仅 8 ~ 10 毫米），咀嚼式口器，触角短小；前胸大，超过中后胸之和；足较短，腹部 11

节。生活于腐殖质中，或于鸟兽巢穴寄居。

(16) **鞘（qiào）翅目** 简称甲虫，是昆虫纲中第一大户，已知约25万种。咀嚼式口器；前胸大，可活动，中胸小；前翅演化为革质，称鞘翅，后翅膜质，有些种类消失；幼虫多为镯型，裸蛹。常见种有金龟子等。

(17) **捻翅目** 已知约300种。口器咀嚼式但极退化，触角多杈；前翅退化，呈棒状，后翅阔大，扇形，雌虫头胸愈合，无眼、翅及足。营寄生性生活，如捻翅虫。

(18) **广翅目** 已知约500种。咀嚼式口器，触角丝状；前胸长，近方形，翅宽大，后翅臀区发达，腹部粗大，缺尾须。幼虫水生肉食性，如泥蛉。

(19) **直翅目** 已知约2万种，包括蝗虫、螽（zhōng）斯、蟋蟀、蝼（lóu）蛄（gū）各科，为昆虫纲中第六大目。大中型昆虫，体粗壮，前翅狭长，后翅膜质宽大，后足善跳跃（蝗），前足为开掘足（蝼），腹端有产卵管（雌螽、蟋）。

螽 斯

(20) **长翅目** 已知约310种。头垂直并向下延长，口器咀嚼式，触角丝状，复眼大，前、后相似，雄性尾端钳状上举似蝎，又名蝎蛉（líng）。成虫产卵于土中，幼虫喜潮湿环境，捕食性。

(21) **蛇蛉目** 已知约60种。头蛇形，复眼大，触角短丝状；前胸细长如颈，足较短，前、后翅相似；腹部宽大，缺尾须。幼虫生活于林间树皮下，捕食性，如蛇蛉。

(22) **脉翅目** 已知约4 000余种。复眼大，相隔宽，触角丝状；前胸短小，中、后胸发达；有翅两对，前、后翅相似，脉纹网状，翅缘多纤毛；腹部缺尾须。肉食性，如草蛉。

(23) **毛翅目** 已知约3 600种。退化了的咀嚼式口器，触角长丝状，复眼发达；翅两对，有鳞或密集的毛，横脉少，后翅宽广，有臀（tún）域；幼

虫水生，吐丝作巢，植食性，如石蚕。

夜　蛾

（24）**鳞翅目**　约有10万种之多，为昆虫纲中的第四大目。口器虹吸式，触角棒状（蝶亚目）；丝状、羽状或栉状（蛾）；翅膜质，布满多种形状各种色彩的鳞片。幼虫植食性，如夜蛾。

（25）**膜翅目**　已知约12万种，为昆虫纲中的第三大目。头大能活动，复眼大，有单眼，触角为丝状、锤状、曲膝状，口器咀嚼式或中、下唇及舌延长为嚼吸式（蜜蜂科）。翅膜质脉奇特。

（26）**双翅目**　已知约15万种，为昆虫纲中的第二大目。口器舐吸式或刺吸式，触角环毛状或丝状（蚊）、芒状（蝇），前翅1对，后翅退化为平衡棒。肉食性、腐食性或吸血；围蛹或裸蛹。

（27）**蚤目**　已知约2 200种。体小而侧扁，刺吸式口器，眼小或无，触角短锥形；皮肤坚韧，多刺毛，翅退化，后足跳跃式；腹部扁大，末端臀板发达，起感觉作用。外寄生于鸟及哺乳类动物。

（28）**缺翅目**　已知约12种。体型小，咀嚼式口器，触角短，仅9节，念珠状；前胸发达，有无翅型和有翅型两种，有翅型翅也能脱落，尾须短而多毛。1973年中国科学院动物研究所黄复生先生在西藏采到该目的一种昆虫，为我国首次记录。

（29）**啮虫目**　已知约900种。体小、头大垂直，触角长丝状，口器咀嚼式；前胸缩小如颈。翅膜质，前翅大于后翅，翅脉稀但隆起；足较发达，能跳跃。生活于腐烂物质、书籍、面粉中，如啮虫。

（30）**食毛目**　约有2 500种。体扁、头大，眼退化，口器为变形的咀嚼式（常以上颚括取鸟羽、兽毛及肌肤分泌物为食）；触角短小，最多5节，翅退化，前足攀登式。寄生于鸟及哺乳类动物身上，如鸡虱。

（31）**虱目**　已知约500种。体扁，头小向前突出，眼消失或退化，刺吸式口器，触角较小；胸部各节愈合，缺尾须，前足适于攀援。寄生于哺乳类动物身体上，如虱子。

（32）**缨翅目**　已知约 2 500 种。体型小，细长，复眼发达，翅狭长、脉退化，密生缨状长缘毛，口器特殊，左右不相称，故称锉吸式；植食性，喜生活于植物包叶间及树皮下，个别种类为捕食性，如蓟（jì）马。

蓟　马

（33）**半翅目**　已知5 万余种，是昆虫纲中第五大目。头小，口器长喙形刺吸式，向前下方伸出，触角长节状；前胸宽大，中胸小盾片明显；前翅基丰厚硬如革，后半膜质。植食性或捕食性，如蝽（chūn）象。

（34）**同翅目**　已知约 1. 6 万种。是昆虫纲中第七大户。复眼较大，口器刺吸式，生于头部下后方；前、后翅均为膜质，透明或半透明。大部分为农林主要害虫，有些种可借助口器传播植物病害，如蚜虫。

知识小链接

衣　鱼

衣鱼，是衣鱼科昆虫的通称，一类较原始的无翅小型昆虫，全世界约有 100 多种。衣鱼的个体发育过程经过卵、若虫和成虫三个时期，属于表变态（昆虫不完全变态的一个类型）。俗称蠹、蠹鱼、白鱼、壁鱼、书虫。

衣鱼身体细长而扁平，上有银灰色细鳞，长约 4 ~20 毫米。触角呈长丝状，腹部末端有 2 条等长的尾须和 1 条较长的中尾须，咀嚼式口器。

昆虫的内部器官

（1）**呼吸系统**　昆虫是以气管进行呼吸的，不断排出废气、吸进新鲜氧气以维持生命。陆生昆虫除胸部外，腹部 1 ~8 节的两侧体壁上，各有 1 个用

来呼吸空气的小圆洞，叫做气门。气门的构造也很复杂，为了防止外界不洁物质进入，周围有较厚的骨质气门片，这是气门的门框，框内有过滤空气的毛刷和起着开或关闭气门的栅栏，相当于气门的保险门。当昆虫进入不良环境或气候突变时，便立即关上栅栏门。气门的周围边缘还有着专门用来分泌黏性油脂的腺体，是防止水分进入气门内的特殊构造。气门连接着体壁下的主管道和布满全身的支气管，将新鲜空气输送到各个组织细胞中去。

生活在水中的昆虫，为适应特殊的生活环境，生长在身体两旁的气门退化了，而位于身体两端的气门相对发达。如危害水稻的根叶甲，是以腹部末端的空心针状呼吸管，插入稻根的气腔内，借助稻根中的氧来维持生命的。龙虱的前翅下有贮存空气的气囊，当吸满空气后再潜入水中，便可长时间维持生命。空气接近用完时，便又上升到水面，以腹部末端翅鞘下的气孔透过水面膜，让空气尽量充满翅鞘下的囊袋后再潜入水中，完成觅食、交配和产卵等生活过程。

蝎　蝽

牙甲是通过触角刺破水面膜，吸入空气来充满腹面下方由许多拒水毛团绕着的气泡。水生昆虫体外携带着的气泡，不仅能够供应氧气，而且实际上形成一种物理鳃，用来吸收水中的氧。有一种叫做蝎蝽的水生昆虫，它们用来呼吸空气的是尾端拖着的那根细长管子，当它穿过水面膜时可进行呼吸。由于它们的身体细长，能贮氧的体积有限，因此常借助水生植物的茎秆，将身体固定住进行呼吸。有些种类的水生昆虫的幼虫，是通过身体两侧多毛状的气管鳃吸收水生植物进行光合作用后放出的氧来维持生命的。

昆虫身体的内部构造，除气管和用来繁殖后代的精巢或卵巢外，还贯穿着完整的消化系统、神经系统和循环系统。

(2) 消化系统　昆虫的消化系统是前连口腔、后达肛门的近似管状的构造。整个消化系统可分为三大段，即前肠、中肠和后肠。前肠的构造较为复杂。当昆虫进食前，食物经过口腔、咽喉、食道再送入嗉囊。生长着咀嚼口器的昆虫，在嗉囊之后还有一个用来磨碎食物的砂囊；生长着刺吸式或虹吸式口器的昆虫，因为吃到嘴里的食物是汁液，用不着再磨碎这道工序，砂囊也就退化了。

前肠之后紧接中肠（也叫胃），是消化食物的主要器官，同时也起着吸收已磨碎食物中营养的作用。中肠之所以能消化食物，是依靠肠壁分泌的、含有比较稳定的酸性或碱性消化液进行的。

中肠末端连着后肠，后肠按其功能又可分为回肠、结肠和直肠三部分。这一大段主要起着水分的吸收、粪便的形成和把粪便通过肛门排出体外的功能。昆虫的粪便因种而异，其造型过程也是在后肠中完成的。

（3）*神经系统* 昆虫的运动、取食、交配、呼吸、迁移、越冬、苏醒等一切生命活动主要是由神经系统来操纵的。神经系统的主要部分是中枢神经，它起着总调控和指挥的作用。由中枢神经上的各个神经节分出神经系通到内脏、肌肉及身体的各部位，并与所有感觉器官相连接。神经活动的物质基础是神经细胞，各神经细胞间因极其复杂的相互接触，将接收到的不同刺激信号传导开。在这种传递过程中，身体内的乙酰胆碱和胆碱脂酶两种物质起着十分重要的作用。没有这些物质的活动，神经和一切生理机能便都会失控，如果真到那时，生命也就中止了。

（4）*循环系统* 昆虫循环系统的主要器官是背管，位置在身体的背面中央，纵走于皮肤下方。昆虫的循环系统主要由心脏、大动脉、隔膜三大部分所组成。心脏是背管的主要部分，位于腹部一段，形成许多连续膨大的构造——心室。每个心室两侧有一对裂口，是血液流动时的进口，称为心门，心门边缘向内陷入的部分，是阻止血液回流的心瓣。每种昆虫心室的数量都不尽相同，一般有八九个，也有的合并或更多。如虱类昆虫的心室合并为 1 个，蜚蠊的心室则多达 13 个。

大动脉是背管的前段，自腹部第一节向上，通过胸部直达头部。大动脉的前端分叉，开口于大脑的后方，它的主要功能是输送血液。昆虫的内部器官均位于体腔内，血液分布于整个体腔，因此，体腔也就是血腔。血腔由生在背板两侧的背隔膜和腹板两侧的腹隔膜分为 3 个窦。围心窦在背板下方，

蜚　蠊

背隔上方，背管从中间通过。围脏窦在背隔与腹隔之间，消化道从中通过，并容纳着生殖器官。围神经窦在腹隔的下方，腹神经索从中间通过。在腹部背隔内的背管心脏部位由两层结缔组织膜构成，中间是环形肌，这些三角形的肌纤维由背板两侧达心脏腹壁，成对地排列着，这组结构叫做翼肌。翼肌的多或少与心室的数量相等。昆虫的血液循环，全靠心脏的跳动，通过心壁肌有节奏地收缩，自后心室逐个将血液压送到前心室，如此不停地循环，维持着昆虫的生命。

综上所述，一只小小的昆虫有着如此多功能的节肢和复杂的输导网络，可称得上五脏俱全了。

知识小链接

附　肢

体躯具有分节的附肢是节肢动物共同的特点，昆虫在胚胎发育时几乎各体节均有1对可以发育成附肢的管状外长物或突起，到胚后发育阶段，一部分体节的附肢已经消失，一部分体节的附肢特化为不同功能的器官。如头部附肢特化为触角和取食器官，胸部的附肢特化为足，腹部的一部分附肢特化成外生殖器和尾须；不同类型的附肢尽管在形态上差别很大，各部分的名称各异，但其基本结构却很相似。通过比较附肢的构造，可以推断各类群间的演化关系。

昆虫的附肢多为6节，一般不超过7节，各节基部具控制该节活动的肌肉；若某个节又分成几个亚节，则亚节内不具有控制亚节活动的肌肉。

大部分情况下，昆虫的附肢着生在体节侧下方，可与周围的骨片形成关节，因此，附肢可以在一定范围内活动，也有些种类的附肢基部与体壁紧密结合而使基节失去了活动能力。

◎昆虫之间的交流

地球上只有人类——最有智慧的高等动物才真正会使用语言。语言在人类的日常交往中起着重要作用。在电信科学发达后，人们即使相距甚远，也仍然可以依靠有线、无线电话联系。

昆虫可不是这样，虽有口但不能从嘴里发出声音来。那么它们是怎样在同族间，特别是在两性间传递寻偶、觅食、防卫和避敌等信息的呢？原来昆虫有着多种多样不用言传的神奇语言。

（1）“化学语言”　昆虫传递信息的主要形式，是利用灵敏的嗅觉器官识别一些信息化合物。昆虫不像高等动物具有专门用来闻味的鼻子。它们的嗅觉器官大多集中在头部前面的那对须——触角上。

生长在触角上的化学物质感受器官，是它们的嗅觉器官。不同种类昆虫的触角形状不同，嗅觉器官的样子也不一样，有的像板块，有的呈尖锥形，有的像凹下去的空腔，有的就像鸡身上的羽毛。

一些雄蛾的感受器是羽毛状的，就像电视机上的天线，可左右上下不停地摆动，以接受来自不同方位的气味。据科学家们验证，家蚕雄蛾的一根触角上，约有1.6万个毛状感觉器。蜜蜂一根触角上的感受器可多达3 000～3万个。它们接受气味的能力非同小可。雄性舞毒蛾可感受到500米以外雌蛾释放出来的气味。一种天蛾能感受到几千米以外同种异性的气味，其敏感程度足以达到单个分子的水平。昆虫利用气味传递信息的方式，叫做“化学语言”。

蚂蚁（属膜翅目，蚁科），是人们经常见到的生活在地穴中的社会性昆虫。蚂蚁出巢寻找食物，总要先派出“侦察兵”。最先找到食物的，在返巢报信的途中，遇到同巢的成员时，先用触角互相碰撞，然后再用触角闻几下地面，这样不但通过气味信息传递了食物的体积大小、存在的方向和位置，而且也指出了通向食物的

舞毒蛾

路径。蚂蚁的这种通讯方式，被称为“信息化合物语言”。这种语言只在同一种昆虫之间传递。

一般昆虫释放的信息素可分为性信息素、报警信息素、追踪信息素和聚集信息素等。

松毛虫

①性信息素：松毛虫（属鳞翅目，枯叶蛾科）是松树的大敌。其大量繁殖时，常将松针吃光，其惨状酷似“过火林”。人们利用雌蛾释放出来的性信息素防治它，可收到很好的效果。方法是将雌蛾装入纱笼中，悬挂在松林内。当雌蛾释放的化学气味借助风力和空气流动传递给雄蛾时，不但告诉它雌蛾的存在，而且连位置、距离远近都一清二楚地传递了出来，便于雄蛾追踪。

近几年，不少果园在利用人工合成的梨小食心虫（属鳞翅目，卷蛾科）性信息素时，发现了一个有趣的现象，当果农傍晚从果园中穿过时，梨小食心虫成虫总是跟随他们飞舞，甚至用手逐赶也不肯离去，有的还竞相往果农口袋里钻。后来才悟出其中奥秘，原来果农的口袋里曾经装过人工合成的梨小食心虫诱芯，诱芯散发出来的气味经久不散，导致了上述现象的出现。性信息素这一看不见、摸不着、人闻不到的特殊气味，在同种昆虫之间却有着如此强烈的“爱也爱不够”的魅力。

同是一种蛾子释放出来的性信息素，成分结构却十分复杂，作用也不尽相同。有的有2或3个组分，有的有7或8个组分。组分越多，显示在气味语言中的作用越离奇。雌蛾用性信息素把雄蛾诱来，雄蛾在它身旁停下求爱、交配。这多情多意的过程，就是利用释放性信息素的不同组分或不同浓度，来表达不同的“语言”的。

②报警信息素：万里长城上的烽火台，是古代人类用来报警的建筑。那

时的人们在发现异常情况或受到外敌侵袭时，总是用呐喊、敲锣、击鼓、鸣号、放烟火等手段报警。现代的报警装置有电铃、电话、电传等。

昆虫的报警则是释放一种多属于萜（tiē）烯类的化学物质，它能以此巧妙地告诉同伙，灾难来临，要提高警惕，设法自卫或逃避。

蚜虫（属同翅目，蚜科）的体型很小，只能以毫米计算，但它们的报警能力却很强。当蚜群遇到天敌来袭时，最早发现敌害的蚜虫表现兴奋，肢体摆动，并及时释放出报警信息素。同伙接到信息后，便纷纷逃离或掉落地上隐蔽。

有句俗话说："捅了马蜂窝，定要挨蜂蜇。"马蜂蜇人，名不虚传。特别是一种非洲蜂与巴西蜂杂交产生的叫做"杀人蜂"的蜜蜂，它们的后代不但毒性强，而且性情凶猛，曾蜇死数百人畜。在实验过程中逃跑的一些蜂，开始在亚马孙河流域迅速繁殖，不久即蔓延到巴西各地，疯狂袭击人畜。这种群袭人畜的疯狂行为，也是报警信息素在起着作用。

即使是一些不知名的马蜂，自卫的本能和警惕性也很高，只要侵犯了它们的生存利益，担任警戒任务的马蜂，会立即向你袭来。一旦被一只马蜂蜇了，就会很快遭到成群马蜂的围攻。这是因为马蜂蜇人时，蜇针与报警信息素会同时留在人的皮肤里。人被蜇后的最初反应是捕打，信息素便借助打蜂时的挥舞动作扩散到空气中，其他马蜂闻到这种气味后，即刻处于激怒的骚动状态，并能迅速而有效地组织攻击。

马　蜂

通过对马蜂释放的报警信息素的提取化验，已知道其主要成分属于醋酸戊酯，有香蕉油气味。因此，一旦被马蜂蜇后，可用5%的氨水或含碱性物质擦洗，有止痛消肿的作用，这是酸碱中和的结果。

③追踪信息素：一些过着有组织的社会性生活的昆虫，常分泌这种信息

物质，借以指引同伙寻找食物或归巢。有一种火蚁，在它们外出时，不断用螯针在地面上涂抹，遗留下有气味的痕迹，形成一条“信息走廊”。无论寻食或归巢便都沿着这条走廊往返通行，从无差错。

白　蚁

蜜蜂外出采蜜时，当一只工蜂发现蜜源后，便在蜜源附近释放出追踪信息素，用来招引其他蜜蜂。即便是携蜜回巢后。仍可靠这种信息，往返于蜂巢与蜜源之间。据观察，这种信息可传递数百米远。已经查明蜜蜂释放的信息素的主要成分是柠檬醛和牻（māng）牛儿醇化学物质。

白蚁以木材为主要食料。当它们在寻找适合的木材和生活环境时，常是有秩序地成行结队按一定路线行进，人们称之为“蚁路”。蚁路是由工蚁腹部第五节腹面分泌的“追踪信息素”涂抹成的、长久不衰的信息路。

科学工作者曾做过这样的实验：将蚂蚁的追踪信息素涂在蚁洞外，可引诱一些蚂蚁出洞，涂抹的浓度高，它们便倾巢而出。甚至能将大腹便便的蚁后引出洞外。如果把这种化学物质在地上涂成个大圆圈，蚂蚁便沿着这个圆圈不停地转起来。

④聚集信息素（也叫集结信息素）：它的作用就像吹集合号一样。属于鞘翅目小蠹科的小蠹虫，专门在长势较弱的树木皮下对其造成危害。当小蠹虫找到适合寄生的树木时，便从后肠释放出一种信息素，这种化学物质与寄主树的萜烯类化合物互相作用后，就能发出集合的信号，使远处分散的同类聚集飞来，集体取食危害。当所生存的寄主树木的营养降低，或条件变劣时，在原寄主上的小蠹成虫又开始分泌这种物质，意在告诉同伙，这里已不适宜生存了，该搬家了。于是它们能在很短的时间内，纷纷钻出树皮，成群结队飞迁到更适合的树林中去生活。

（2）“舞蹈语言”　蜜蜂往返花间，采集花粉归巢酿蜜。同时又为植物传粉作媒，使其结果传代，因而成为人类生产的好帮手。

蜜蜂经过长期驯养，已成为蜂箱中的固定住户。它是怎样找到远处蜜源植物，又是如何判断蜜源的方向和距离呢？过去人们对蜜蜂的这种生活本能了解得很少。直到19世纪20年代，奥地利的著名昆虫学家弗里希对蜜蜂的活动进行了细心地观察和研究后，才揭示了这一鲜为人知的秘密。原来蜜蜂除利用追踪信息素寻找蜜源外，还用一种特殊的“舞蹈语言”来传递信息。

飞舞的蜜蜂

在蜜蜂的社会生活中，工蜂担负着筑巢、采粉、酿蜜、育儿的繁重任务。大批工蜂出巢采蜜前先派出“侦察蜂”去寻找蜜源。侦察蜂找到距蜂箱100米以内的蜜源时，即回巢报信，除留有追踪信息外，还在蜂巢上交替性地向左或向右转着小圆圈，以“圆舞”的方式爬行。其他工蜂领会了侦察蜂的意图后，便跟随它到蜂箱四周去寻觅有香味的花朵。如果蜜源在距蜂箱100米以外，侦察蜂便改变舞姿，在蜂巢上先沿直线爬行，再向左、右呈弧状爬行，这样交错进行。直线爬行时，腹部向两边摆动，称为“摆尾舞”。如果将全部爬行路线相连，很像个横写的“8”，即“∞”，所以也叫“8字舞”。直线爬行的时间越长，表示距离蜜源越远。直线爬行持续1秒钟，表示距离蜜源约500米；持续2秒，则约1 000米。侦察蜂在做这种表演时，周围的工蜂会伸出头上的触须，争先与舞蹈者的身体碰撞，从而了解蜜源信息。

侦察蜂跳的“摆尾舞”，不但可以表示距离蜜源的远近，还起着指定方向的作用。蜜源的方向是靠跳“摆尾舞”时的中轴线在蜂巢中形成的角度来表示的。如果蜜源的位置处在向着太阳的方向，便做出头向上的爬行动作；如果蜜源在太阳的相反方向，便做着头向下的爬行动作。为了适应太阳的相对位置与蜜源角度的不断变化，舞蹈时直线爬行的方向也要随时对着太阳的逆时针方向转动。太阳的方位角每小时变化15°，蜜蜂的直线方向也要相应逆时

针转动15°。如遇阴雨天，利用舞蹈定位的方法就有点失灵。蜜蜂还会及时变换招数，依靠天空反射的偏振光束来确定方位，及时回巢。

人们也许要问，工蜂在黑洞洞的蜂箱里表演的各种舞蹈动作，其他同伴是怎样领会到的呢？原来它们是通过头上颤抖的触角抚摸工蜂身体，使“舞蹈语言”转换成“接触语言”进而获得信息的。这种传递方法，有时也会失灵。为此它们还要利用翅的不断振动，发出不同频率的“嗡嗡”声，用来补充“舞蹈语言”的不足和加强语气的表达能力。

鳞翅目昆虫中的蝶类，也常以“舞蹈语言”来表达同种异性之间的情谊。雌、雄蝶自蛹中羽化出来后，便选择风和日丽、阳光明媚的天气，在林间旷野和百花丛中追逐嬉戏。它们时高时低，时远时近，形影不离地跳着“求爱舞蹈”，以表达各自的衷情。尽情飞舞后，便挑选将来“儿女”们喜爱的寄主植物停留下来，用触角互相抚摸。当雌虫接受求爱后，才开始“鱼水之欢”。雄蝶离去后，雌蝶方产下粒粒受精卵，以达到传宗接代的目的。

四点斑蝶的求爱“舞蹈语言”更为奇特。雄、雌个体性成熟后，相互开始接近时，雄蝶便温情脉脉地扇动双翅，在雌蝶周围缓慢地作半圆圈飞舞，以示求爱。雄蝶飞舞几圈后，雌蝶便不停地摆动触角，表示接受求爱。此时两者靠近，互相用足和触角去触碰对方的翅缘。然后才安静下来，共享欢乐。

软尾凤蝶

雌雄软尾凤蝶，可以说是天生一对，地设一双。雄蝶体色素雅，白衣白裙，衬有黑、红花斑；雌蝶体色浓艳绚丽，黑衣褐裙，镶嵌红色花边。自蛹中羽化为蝶后，它们情投意合，形影不离，流连于花间，用“舞蹈语言”互相倾诉柔情。传说中梁山伯与祝英台所化之蝶，就是美丽的软尾凤蝶。

（3）“灯语”　以灯光代替语言传达信息，在人类生活中早已有之。特别是指挥交通的各种灯光信号，保障了交通安全。就连儿童都知道：“绿灯走，红灯停，要是黄灯等一等”。

其实，早在人类发明灯语之前，身体渺小的昆虫就已经巧妙地利用灯语进行通讯联络了。

夏日黄昏，山涧草丛，灌木林间，常见有一盏盏悬挂在空中的小灯，像是与繁星争辉，又像是对对情侣提灯夜游。如果你用小网，把“小灯”罩住，便会看到它是一种身披硬壳的小甲虫。由于它的腹部末端能发出点点荧光，人们便给它起了个形象的名字——萤火虫。

萤火虫在昆虫大家族中属于鞘翅目，萤科。它们的远房或近亲约有2 000种。

萤火虫

萤火虫是一种神奇而又美丽的昆虫。修长略扁的身体上带有蓝绿色光泽，头上一对带有小齿的触须分为11个小节。有3对纤细、善于爬行的足。雄虫翅鞘发达，后翅像把扇面，平时折叠在前翅下，只有飞翔时才伸展开；雌虫翅短或无翅。

萤火虫的一生，经过卵、幼虫、蛹、成虫四个完全不同的虫态，属完全变态类昆虫。

萤火虫怎样发光？发光的用意是什么？这些都是少年朋友们感兴趣的问题。萤火虫的发光器官，生长在腹部的第六节和第七节之间。从外表看只是层银灰色的透明薄膜，如果把这层薄膜揭开在放大镜下观察，便可见到数以千计的发光细胞，再下面是反光层，在发光细胞周围密布着小气管和密密麻麻的纤细神经分支。发光细胞中的主要物质是荧光素和荧光酶。当萤火虫开始活动时，呼吸加快，体内吸进大量氧气，氧气通过小气管进入发光细胞，荧光素在细胞内与起着催化剂作用的荧光酶互相作用时，荧光素就会活化，产生生物氧化反应，导致萤火虫的腹下发出碧莹莹的光亮来。又由于萤火虫不同的呼吸节律，便形成时明时暗的“闪光信号”。人们经过研究，把其发光的过程，列一简单的公式：

$$\text{荧光素} + \text{氧气} \xrightarrow{\text{荧光酶作用}} \text{发出荧光}$$

夏夜里的萤火虫

萤火虫体内的荧光素并不是用之不竭的，那么它们不间断地多次发光，能量又是从何而来的呢？原来能量来自三磷酸腺苷（简称ATP），它是一切生物体内供应能源的物质。萤火虫体内有了这种能源，不但能不间断地发光，而且亮度也较强。只有发光结构还不能发光，还要有脑神经系统调节支配。如果做个实验，将萤火虫的头部切除，发光的机制也就失去作用。萤火虫发光的效率非常高，几乎能将化学能全部转化为可见光，为现代电光源效率的几倍到几十倍。由于光源来自体内的化学物质，因此，萤火虫发出来的光虽亮但没有热量，人们称这种光为“冷光”。

不同种类的萤火虫，闪光的节律变化并不完全一样。美国有一种萤火虫，雄虫先有节律地发出闪光来，雌虫见到这种光信号后，才准确地闪光两秒钟，雄虫看到同种的光信号，就靠近它结为情侣。人们曾实验，在雌虫发光结束时，用人工发出两秒钟的闪光，雄虫也会被引诱过来。另有一种萤火虫，雌虫能以准确的时间间隔，发出“亮一灭，亮一灭”的信号来，雄虫收到用灯语表达的“悄悄话”后，立刻发出“亮一灭，亮一灭”的灯语作为回答。信息一经沟通，它们便飞到一起共度良宵。

有一种萤火虫，雄虫之间为争夺伴侣，会有一场激烈的竞争。雄虫能发出模仿雌虫的假信号，把别的雄虫引开，好独占“娇娘”。

萤火虫能用灯语对讲的秘密，最早是由美国佛罗里达大学的动物学家劳德埃博士发现的。他用了整整18年的时间研究萤火虫的发光现象。可见揭开一项前人未知的奥秘并非易事。

“囊萤夜读”的故事，已载入教科书中。说的是有位叫做车胤（yìn）的穷孩子，读书很刻苦，就连夜晚的时间也不肯白白放过，可是又买不起点灯照明的油。于是，他就捉来一些萤火虫，装在能透光的纱布袋中，用来照明读书，最后成为有名的学者。

在非洲也有萤火虫为人造福的故事。非洲有种萤火虫，个体大，发的光也亮，当地人捉来装入小笼，再把小笼固定在脚上，走夜路时可以照明。

我国古书《古今秘苑》中有这样的记载："取羊膀胱吹胀晒干，入萤百余枚，系于罾（zēng）足网底，群鱼不拘大小，各奔其光，聚而不动，捕之必多。"

除萤火虫外，还有许多昆虫，它们只有在夕阳西下，夜幕降临后才飞行于花间，一面采蜜，一面为植物授粉。漆黑的夜晚，它们能顺利地找到花朵，这也是"闪光语言"的功劳。夜行昆虫在空中飞翔时，由于翅膀的振动，不断与空气摩擦，产生热能，发出紫外光来向花朵"问路"，花朵因紫外光的照射，激起暗淡的"夜光"回波，发出热情的邀请。昆虫身上的特殊构造接收到花朵"夜光"的回波，就会顺波飞去，为花传粉作媒，使其结果，传递后代。这样，昆虫的灯语也为大自然的繁荣做出了贡献。

（4）*声音通讯* 昆虫虽然不能用嘴发出声音来，却可以充分运用身体上的各种能发声的器官来弥补这一不足。昆虫虽无具有耳轮的两只耳朵，但它们有着极为敏感的听觉器官（如听觉毛、江氏听器、鼓膜听器等）。昆虫的特殊发音器官与听觉器官密切配合，就形成了传递同种之间各种"代号"的声音通讯系统。

我国劳动人民早就已对不同种类昆虫声音通讯的发声机理和部位有所认识。我国古籍《草木疏》中说："蝗类青色，长角长股，股鸣者也"。《埤雅》说："苍蝇声雄壮，青蝇声清聒，其音皆在翼"。已明确地将不同昆虫的"声语"分为摩擦发声和振动发声。

东亚飞蝗属于直翅目，蝗科，是农业上的一大害虫。中华人民共和国成立前由于治蝗不力，成群结队的飞蝗能将庄稼吞食一空，造成饥荒，因而有"一年蝗，十年荒"的说法。河南省一带也把"水、旱、蝗"三大灾害相提并论。

蝗虫为什么能成群结队迁徙，有时停留暴食一场，有时落地停息却个个不张口吃上一嘴，又骤然起飞远离呢？形成这种现象的原因，虽多在体内生理机制变化方面，但蝗虫的"声音讯号"也起着极为重要的作用。

东亚飞蝗的发声，是用复翅（前翅）上的音齿和后腿上的刮器互相摩擦

所致。音齿长约1厘米，共有约300个锯齿形的小齿，生在后腿上的刮器齿虽很少，但比较粗大。要发声时，先用4条腿将身体支撑起来，摆出发音的姿势，再把复翅伸开，弯曲粗大的后腿同时举起与复翅靠拢，上下有节奏地抖动着，使后腿上的刮器与复翅上的音齿相互击擦，引起复翅振动，从而发出“嚓啦、嚓啦”的响声。摩擦发出的声音大多是由20~30个音节组成，每个音节又由80~100个小音节组成。发出来的声音频率多在500~1 000赫兹之间，不同的音节代表着不同的讯号。因此，音节的变换在昆虫之间的声音通讯联络中有着重要作用。

家　蝇

蝗群暴食时，个个都只大口咀嚼植物叶片，从不发声，像有点“做贼心虚”。要结队起飞前，先由“头蝗”发出轻微的擦击声，周围的蝗虫也跟着遥相呼应，声音越来越大，随之双翅抖动，噗噗之声顿时传遍四面八方，像是发出了起飞号令，于是千万只飞蝗倏忽飞起，转眼之间便形影皆无。

据报道，家蝇翅的振动声音频率为147~200赫兹。国内有人研究过8种蚊虫的翅振频率，不同种类、不同性别均不相同。8种蚊虫的翅振声频可达433~572赫兹，而且雄性明显高于雌性。农民有句谚语“叫得响的蚊子不咬人”，就是这个道理，因为雄蚊是不咬人的。

人们耳朵听得到的声音频率在20~2 000赫兹之间。有些昆虫翅膀振动的频率不在这个范围以内，人们就只能看见它们的翅膀在振动，听不见它们的“电传密码”，不能成为它们的“知音”。

前面说的只是昆虫的“声语发报机”的结构及其作用。那么昆虫的“收音机”又是什么样子呢？昆虫接受声音的器官，叫听觉感受器，不同种类昆虫的听觉器官各有千秋，其生长部位也不是千篇一律。有些昆虫身上的毛有听觉功能，这种毛不但比一般毛长，而且还会左右摆动。

昆虫奇迹

◎温室效应与白蚁

科学家们发现，白蚁对地球温度的逐渐升高起了推波助澜的作用。这种结论并不夸张，因为这与白蚁的生活习性以及所取食的物质有密切关系。白蚁是以木材、杂草、菌类为食。木材及草类组织中含有大量的纤维素，白蚁在消化纤维素的过程中是依靠肠内的原生动物——鞭毛虫的作用，这些鞭毛虫能分泌纤维素酶和纤维二糖酶，把白蚁吃到肠胃中的木质纤维分解成葡萄糖及其他产物。就在这种分解与消化过程中，同时也会产生出大量的甲烷气体排出体外。

为了证明白蚁所排出的气体含甲烷的量究竟有多大，美国大气研究中心专家捷姆曼做了一个实验，他将不漏气的胶袋套在白蚁巢穴的顶部，收集巢中冒出来的甲烷，以此计算出一只白蚁年排放的甲烷量，他由此估算出，全球约有10亿吨白蚁，年排放到大气中的甲烷可达1亿多吨，相当于全球释放到大气中甲烷总量的50%。因此，可以认为，白蚁释放到大气中的甲烷是引起温室效应、使全球气温升高的重要因素之一。

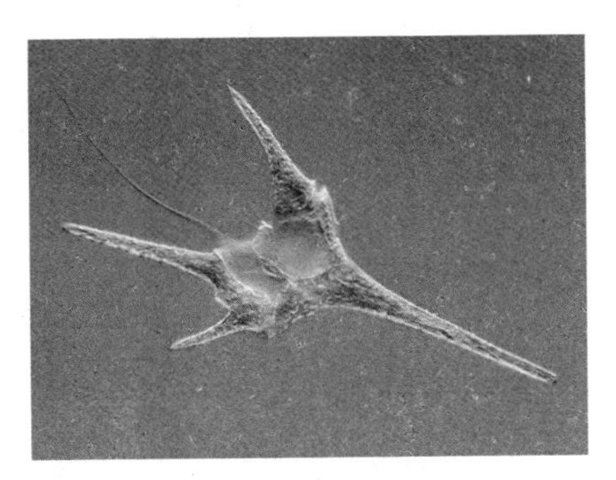

鞭毛虫

知识小链接

碳排放

碳排放是关于温室气体排放的一个总称或简称。温室气体中最主要的气体是二氧化碳，因此用碳（Carbon）一词作为代表。我们的日常生活一直都在排放二氧化碳，而如何通过有节制地生活，例如少用空调和暖气、少开车、少坐飞机等等，以及如何通过节能减污的技术来减少工厂和企业的碳排放量，成为本世纪初最重要的环保话题之一。

◎ 昆虫大夫

蚂蚁曾被用来诊断糖尿病

动物生病自医，确有此事。虫大夫能行医治病，或许有人不信，但昆虫确实能为人类诊病治病。

蚂蚁的趋化性很强，而且馋食甜食，只要有存放甜食的地方，不管你存放得多么严实，它们都会依靠头上有敏感嗅觉功能的一对触角，左摇右摆地探索找到。因此，人们便利用它们这特有的本能，为人类诊断病症。患糖尿病的人，因为尿中含糖量过高而称为“甜血症”。早在 7 世纪，我国民间就曾利用蜜蜂和蚂蚁的趋化性来诊断此病。方法是把蚂蚁放在病人尿盆边，如果蚂蚁很快爬去舔食，便证明病人患有糖尿病；如果蚂蚁表现得恋恋不舍，说明病情较重。

◎ 蝴蝶泉中织彩虹

在云南省大理市的西北方，雄伟壮丽的苍山角下，有个中外驰名的“蝴蝶泉”。每当农历立夏，百花盛开，各种各样的彩蝶在泉池四周翩然飞舞，颇为壮观。蝶影入池，在斑斓的水波上闪烁，形成道道五光十色的彩虹。

是什么神奇魔力，使成千上万只蝴蝶在此聚会呢？

一是水源。水是蝴蝶生活中不可缺少的物质。特别是在烈日炎炎的夏日，群蝶追逐嬉戏后，必须寻找水源吸水，用来维持和提高体内飞翔肌的动力，并为繁衍后代储备能量。蝴蝶泉中流出来的甘露般的泉水，是吸引蝶类聚会的第一种“魔力”。

二是食源。蝶类的成虫自蛹中羽化后，便喜欢在幽雅清静的环境中寻花吸蜜，找树吮汁，用以补充营养，促使体内生殖器官尽早成熟。蝴蝶泉东临洱海，西傍苍山，环境幽雅，花木丛生，为蝶类提供了极理想的吸蜜吮汁的场所。

三是性源。蝴蝶在性成熟期，雌蝶为了生儿育女繁殖后代，便从腹部末端分泌出性引诱素；性引诱素一遇空气即挥发，产生一种气味，蝶翅扇动产生的气流，使气味扩散开来。当雄蝶“闻”到这种气味后，好像接到了赴约的请帖，便“不远千里”奔向雌蝶。农历夏至过后，正是蝴蝶性成熟的时节，因此才有“一蝶引来万蝶飞”的盛况。花儿美，蝴蝶更美，蝴蝶像是一朵朵会飞的花。蝴蝶为什么这样美？只要用手触摸一下它们的翅面，便会沾上许多粉末状的东西，这便是蝴蝶用来装饰自己的物质，人们称它为鳞片。如果把这些粉末状的鳞片放在双目解剖镜下观察，就会发现这些鳞片有长有短，有细有宽，有的两边还带有锯齿，还有的带棱起脊，形状千奇百怪。每个鳞片上都有个小柄。鳞片整齐地排列在翅膜上，并将小柄插入叫做鳞片腔的小窝里。由于鳞片形状不同，组装成的图案也是多种多样。

蝴蝶泉标志

知识小链接

蝴　蝶

蝴蝶，昆虫中的一类。蝴蝶、蛾和弄蝶都被归类为鳞翅目。现今世界上有数以万计的物种都归在此目下。它们从白垩纪起随着作为食物的显花植物而演进，并为之授粉。它们是昆虫演进中最后一类生物。

蝴蝶鳞片上的不同形状构造，经过光的直射、反射、折射或互相干扰而产生出来的颜色，称为物理色。不同种类蝴蝶翅上鳞片的脊纹多少，各不相同。据研究，斑蝶鳞片上的脊纹有30多条，闪光蝶鳞片的脊纹可多达1 400条。一个鳞片上的脊纹越多，产生的闪光越强，颜色的变化也就越大。拿一个闪光蝶的翅，正面看蓝里透紫，左斜看变成翠绿；在灯光下偏蓝，在日光下则偏紫。

蝴蝶鳞片上的黑色或褐色，则是鳞片所含黑色素造成的；白色或黄色是所含尿酸盐所致。因为这些“颜料”含有化学成分，由其产生的颜色便称为化学色。在一般情况下蝴蝶翅上的色彩，是由化学色和物理色混合而成的。这就是群蝶飞舞“编织”闪烁变幻、美丽夺目的“彩虹”的原理。

◎虫　草

当你听到昆虫能变草时，一定感到很奇怪。昆虫是动物，草是植物，那么昆虫怎么会变成草呢？不了解大自然中各种生物变迁的真相前，确实感到有些奇妙，其实虫变草的说法是对一种自然现象的误解。

所谓虫变草的现象，大部分发生在青藏高原海拔3 000 ~4 000米的高寒地带。有一种名叫蝙蝠蛾的昆虫，在它们的幼虫生长发育接近老熟时，被虫草属的真菌感染后，生起病来。发病初期，幼虫表现有行动迟缓、惊慌不安、到处乱爬等症状，最后钻入距地表仅有3 ~5 厘米的草丛根部，头朝上，不吃不动地待上一段时间后，便因病而死去。蝙蝠蛾幼虫虽死，但其身躯仍然完整。真菌孢子以幼虫体内组织器官为营养，大量繁殖。冬去春来，在春暖花开的五六月间，虫体内的真菌转入又一个繁殖阶段，由孢子发展为白色菌丝，并从幼虫头上长出一根2 ~5 厘米长的真菌子座来。由于子座露出地表部分顶端膨大，呈黄褐色，很像一棵刚露头的小草，故名虫草，又名“冬虫夏草”。当子座中的子囊孢子充满囊壳时，孢子成熟，子囊破裂，真菌孢子散发到空间大地，再去待机感染其他蝙蝠蛾幼虫。没有被真菌感染的蝙蝠蛾幼虫，经过化蛹、羽化为成虫，交配产卵繁殖后代。如此往返，年年有蝙蝠蛾幼虫，年年有虫草在地表出现。

蝙蝠蛾

蝉开花也是由真菌感染蝉的若虫引起的。它与虫变草的不同点在于，虫草菌感染上的不是蝙蝠蛾幼虫，而是在地下生活的蝉若虫。所谓蝉花，并不是蝉会开花，而是真菌寄生在蝉若虫上的产物，其产生的过程与蝙蝠蛾幼虫被感染相似。蝉花一词，最早见于中国中药学经典巨著《本草纲目》，书中说："此物出蜀中，其蝉上有一角，如花冠状，谓之蝉花。"蝉花与虫草另一不同点在于，它不仅出现在高寒地区，在坡地及半山区也有踪迹，或者说，只要有蝉发生的区域，都可能有蝉花出现。

冬虫夏草

蝉花与冬虫夏草都是名贵的中药材。

知识小链接

寄 生

寄生，即两种生物在一起生活，一方受益，另一方受害，后者给前者提供营养物质和居住场所，这种生物的关系称为寄生。主要的寄生物有细菌、病毒、真菌和原生动物。在动物中，寄生蠕虫特别重要，而昆虫是植物的主要大寄生物。专性寄生必须以宿主为营养来源，兼性寄生也能自由活动。拟寄生物包含一大类昆虫大寄生物，它们在昆虫宿主身上或体内产卵，通常导致寄主死亡。

昆虫的启示

◎ 蜗牛与复合陶瓷材料

在潮湿的地上，或者树枝上，蔬菜的叶子上，常会见到蜗牛活动。它们背着自己重重的壳，慢慢地向前蠕动，有一点儿风吹草动，软软的身子马上

蜗　牛

缩回壳里。

蜗牛的壳很坚固，它给科学家们以极大启示。

蜗牛等软体动物的壳实质上是一种由碳酸钙层和薄薄的一层蛋白质交替地组成的层状结构。碳酸钙硬而脆，但蛋白质层交替地夹在其中，能防止碳酸钙层的裂纹蔓延，从而使蜗牛壳变得又硬又韧。

最近，英国剑桥大学的科研小组研制出了一种类似蜗牛壳的层状组织，即用150微米厚的碳化硅陶瓷层和5微米厚的石墨层交替地叠加热压成复合陶瓷材料。碳化硅是一种非常硬而脆的陶瓷，但由于夹在中间的石墨层可以分散应力，又可以阻止一层碳化硅中的裂纹蔓延到另一层碳化硅中，因而不易碎裂，这就是仿生复合陶瓷材料。

仿生复合陶瓷材料可用来制造喷气发动机和燃气涡轮机的零件，如涡轮片等，它们不仅可以提高发动机的工作温度，还可以减少喷气发动机和燃气轮机对空气的污染。

知识小链接

复合材料

复合材料，是由两种或两种以上不同性质的材料，通过物理或化学的方法，在宏观上组成的具有新性能的材料。各种材料在性能上互相取长补短，产生协同效应，使复合材料的综合性能优于原组成材料而满足各种不同的要求。复合材料的基体材料分为金属和非金属两大类。金属基体常用的有铝、镁、铜、钛及其合金。非金属基体主要有合成树脂、橡胶、陶瓷、石墨、碳等。增强材料主要有玻璃纤维、碳纤维、硼纤维、芳纶纤维、碳化硅纤维、石棉纤维、晶须、金属丝和硬质细粒等。

◎ 蚂蚁与人造肌肉发动机

蚂蚁是动物界的小动物，可是它有很大的力气。如果你称一下蚂蚁的体重和它所搬运物体的重量，你就会感到十分惊讶。它所举起的重量，竟超过它的体重差不多有100倍。世界上从来没有一个人能够举起超过他本身体重3倍的重量，从这个意义上说，蚂蚁的力气比人的力气大得多了。

蚂　蚁

这个“大力士”的力量是从哪里来的呢?

看来，这似乎是一个有趣的“谜”。科学家进行了大量实验研究后，终于揭穿了这个“谜”。

原来，它脚爪里的肌肉是一个效率非常高的“发动机”，比航空发动机的效率还要高好几倍，因此能产生这么大的力量。我们知道，任何一台发动机都需要有一定的燃料，如汽油、柴油、煤油或其他重油。但是，供给“肌肉发动机”的是一种特殊的燃料。这种“燃料”并不燃烧，却同样能够把潜藏的能量释放出来转变为机械能。不燃烧也就没有热损失，效率自然就大大提高。化学家们已经知道了这种“特殊燃料”的成分，它是一种十分复杂的磷化合物。

这就是说，在蚂蚁的脚爪里，藏有几十亿台微妙的小电动机作为动力。

这个发现，激起了科学家们的一个强烈愿望——制造类似的“人造肌肉发动机”。

从发展前景来看，如果把蚂蚁脚爪那样有力而灵巧的自动设备用到技术上，那将会引起技术上的根本变革，那时电梯、起重机和其他机器的面貌将焕然一新。

现在我们用的起重机一般是靠电动机工作的，但是作功的效率比起蚂蚁来可差远了。为什么呢? 因为火力发电要靠烧煤，使水变成蒸汽，蒸汽推动

叶轮，带动发电机发电。这中间经过了将化学能变为热能，热能变成机械能，机械能变成电能这么几个过程。在这些过程中，燃烧所产生的热能，有一部分白白地跑掉了，有一部分因为要克服机械转动所产生的摩擦力而消耗掉了，所以这种发动机使用效率很低，只有30%~40%。而蚂蚁“发动机”利用肌肉里的特殊燃料直接变成电能，损耗很少，所以效率很高。

人造肌肉发动机

人们从蚂蚁“发动机”中得到启发，制造出了一种将化学能直接变成电能的燃料电池。这种电池利用燃料进行氧化—还原反应来直接发电。它没有燃烧过程，所以效率很高，可达到70%~90%。

◎尺蠖与坦克

有种动物叫尺蠖，它前进的时候身体一屈一伸的，人们模仿它的行走方式，制造出了一种带有行走部分的轻型坦克。这种坦克能够越过较大的障碍物，当它隐蔽在掩体里时，能升起炮塔射击，射击后再隐蔽起来。这种坦克的通行能力比以前的坦克提高了许多。设计人员还模仿双壳贝壳的构造，设计了具有较好流线型的炮塔，大大降低了坦克高度。这种坦克车内的武器装备排列得十分紧密，是模仿软体动物的消化器官排列的。像软体动物吃食物那样，炮弹从弹药盒进入炮塔，而后沿类似于食道的送弹槽被送到类似于胃的炮的后部，周围的类似于消化腺的药室则可收集和排出射击时产生的火药气体。在像贝壳的顶盖下面，有两个供坦克乘员半躺的座椅。这一方案，是现代坦克设计中的一种卓有成

尺蠖与坦克

效的尝试。

知识小链接

坦　克

坦克，或者称为战车，现代陆上作战的主要武器，有“陆战之王”之美称。它是一种具有强大的直射火力、高度越野机动性和很强的装甲防护力的装甲战斗车辆，主要执行与对方坦克或其他装甲车辆作战等任务，也可以压制、消灭反坦克武器、摧毁工事、歼灭敌方有生力量。坦克一般装备中或大口径火炮（有些现代坦克的火炮甚至可以发射反坦克/直升机导弹）以及数挺防空（高射）或同轴（并列）机枪。

◎蜂窝与太空飞行器

航天飞机、宇宙飞船、人造卫星等太空飞行器，要进入太空持续飞行，就必须摆脱地心引力，这就要求运载它们的火箭必须提供足够大的能量。

要把地球上的太空飞行器送到地球大气层外，至少要使该飞行器获得7.9千米/秒的速度，此即第一宇宙速度；而要使飞行器脱离地球，飞往行星或其他星球，则需达11.2千米/秒的速度，此谓第二速度。

为了使太空飞行器达到上述速度，运载火箭就必须提供相当大的推力。因为运载火箭上带有推进剂、发动机等沉重的“包袱”。按目前航天技术水平，平均发射1千克重的人造卫星就需要50~100千克的运载器；相应地，太空飞行器自身重量越轻，也就可大大减轻运载火箭身上的“包袱”，也就能使太空飞行器飞得更高、更远。

蜂　窝

为减轻太空飞行器的重量，科学家们绞尽脑汁，与太空飞行器“斤斤

计较”。可要减轻飞行器重量，还要考虑不能减轻其容量与强度。科学家们尝试了许多办法都无济于事，最后，还是蜂窝的结构帮助科学家解决了这个难题。

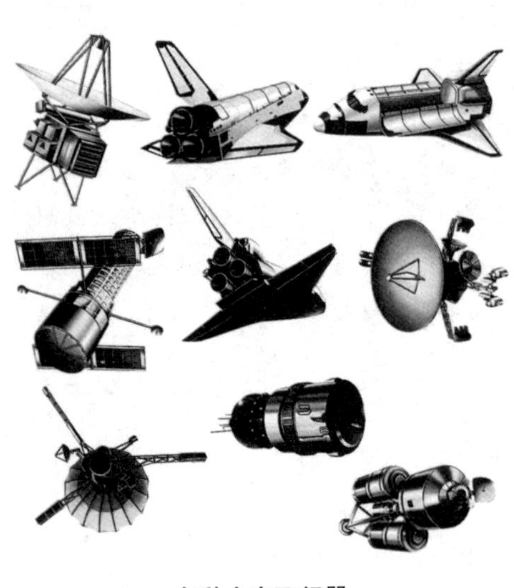

各种太空飞行器

大家都知道，蜜蜂的窝都是由一个挨一个，排列得整整齐齐的六角型小蜂房组成的。18 世纪初，法国学者马拉尔琪测量到蜂窝的几个角都有一定的规律：钝角等于 109° 28′，锐角等于 70°32′。后来经过法国物理学家列奥缪拉、瑞士数学家克尼格、苏格兰数学家马克洛林先后多次的精确计算，得出如下结论：消耗最少的材料，制成最大的菱形容器，它的角度应该是 109°28′ 和 70°32′，和蜂房结构完全一致。但如果从正面观察蜂窝，蜂房是由一些正六边形组成的，既然如此，那每一个角都应是 120°，怎么会有 109°28′ 和 70°32′呢？这是因为，蜂房不是六棱柱，而是底部由三个菱形拼成的“尖顶六棱柱形”。我国数学家华罗庚经精确计算指出：在蜜蜂身长、腰围确定情况下，尖顶六棱柱形蜂房用料最省。

蜂窝的这种结构特点不正是太空飞行器结构所要求的吗？于是，在太空飞行器中采用了蜂窝结构，先用金属制造成蜂窝，然后再用两块金属板把它夹起来就成了蜂窝结构。这种结构的飞行器容量大，强度高，且大大减轻了自重，也不易传导声音和热量。因此，今天的航天飞机、宇宙飞船、人造卫星都采用了这种蜂窝结构。

科学发展就是如此，有时看起来高不可攀的难题，只要开动脑筋，善于从日常生活中觅取线索，可能就会迎刃而解。小小的蜂窝，似乎与伟大的航空航天事业风马牛不相及，但仿生学却将它们紧密地联系在了一起，推动了人类社会的发展与科技的进步。

◎夜蛾与反雷达装置

在亿万年的动物演化过程中，许多动物都形成了一套进攻和防御的手段，以便能在复杂的生态环境中生存。夜晚围绕灯火飞舞的夜蛾，就有一套装备精良的“反雷达”装置，可以帮助它逃避蝙蝠的捕捉。

夜蛾是鳞翅目夜蛾科昆虫的通称，它的种类极多，约2万种以上，都是危害性极大的害虫。夜蛾的幼虫吞食农作物、果树、木材等等，其中粘虫分布最广、食性混杂，危害最大。螟蛾，斜纹夜蛾，大、小地老虎，棉铃虫，金钢钻等均属于夜蛾类，是农业上的敌害。

枯叶夜蛾

夜蛾类昆虫的体内有个特殊的结构，位于胸部与腹部之间的凹陷处，是十分灵敏的听觉器官，称为鼓膜器。鼓膜器的表面有一层极薄的表膜，它与内侧的感觉器相连。同时在内部还有许多空腔，可使传来的振动加强。感觉器内的两个听觉细胞，可使传入振动变为电信号，传入中枢神经并进入脑。

科学家们做了这样一个实验，把夜蛾固定在扬声器前，然后用扬声器播放模拟蝙蝠发出觅食搜索的超声波，夜蛾顿时显得惊恐万状，丑态百出。如果不将夜蛾固定，它们立即逃得无影无踪了。科学家们又把鼓膜器的神经剥出，把它与示波器相连，当扬声器发出超声波时，示波器上出现了神经发出的电脉冲。若将鼓膜破坏，示波器上则毫无变化。这个实验证明鼓膜器是夜蛾专门用来截听蝙蝠超声“雷达”波的耳朵，故称为“反雷达”装置。

还有些夜蛾具有其他反蝙蝠超声探测的装置，这些夜蛾的足部发出一连串的“咔嚓”声音，干扰蝙蝠超声雷达，使它们无法确定夜蛾的准确位置。有的夜蛾更为奇特，它们全身披满吸收超声的绒毛，好似一件“隐蔽服”，使蝙蝠发出的超声波得不到足够的回声，从而逃过蝙蝠的捕捉。可见夜蛾的“反雷达”系统相当先进，在自然界中，蝙蝠要捕获一只夜蛾是不

太容易的。

科学家们根据夜蛾的反超声定位器的原理，研制出一些特殊的装置。首先在农业上利用蝙蝠超声发音器，将模拟蝙蝠发出的声音播放到农田中，驱赶夜蛾类农业害虫，效果极好。另外在军事上用途更大，科学家模仿夜蛾的反雷达装置，在军用飞机和舰船上安装雷达监测器和干扰系统，可以随时发现敌方雷达发出的电波及准确的频率，然后放出巨大能量的干扰电波，使对方雷达系统产生混乱，无法发现己方的准确位置。在现代化的战斗机上都有一层吸附雷达电波的涂层，不容易被敌方雷达发现，都是这个道理。

雷达装置

◎昆虫隐身术的启示

枯叶蝶

昆虫的隐身术是相当高明的。一只蝴蝶落到花朵上，看上去好像是为花朵增加了一个花瓣。树上的蜘蛛不结网，只是静静地躲在花上，变成花一样的颜色，便可轻易地捉到前来栖息的昆虫。

在军事技术中，也有类似的隐身技术，不过，这里的“隐”字，不是对眼睛说的，而是对雷达、红外电磁波和声波等探测系统说的。

目前，军用飞行器的主要威胁是雷达和红外探测器。用什么办法对付这种威胁呢？科学家们经过刻苦地研究，隐形材料应运而生了。隐形材料是指那些既不反射雷达波，又能够起到隐形效果的电磁波吸收材料。它是用铁氧体和绝缘体烧结成的一种复合材料。这种材料是由很小的颗粒状物体构成的。电磁波碰到它以后，就在小颗粒之间形成多次不规则的反射，转化成热能被吸收了。这样，雷达就收不到反射波，也就发现不了飞行器。

到20世纪80年代初，神秘的飞行器隐身技术有了新的突破。它跟高能激光武器和巡航导弹同列为军事科学技术上的三大革新。美国计划投入使用的B-LB战略轰炸机，就用上了一些重要的隐身技术。其雷达反射截面不到1平方米，是B-52型轰炸机的1%。这种飞机将取代目前的B-52战略轰炸机。1983年底，日本防卫厅宣布，它跟美国国防部合作研制出了一种雷达发现不了的新导弹。这种新导弹上面涂有含有特殊合金的铁酸盐涂料，它可把雷达的电磁波迅速转化成热能。

B-LB 战略轰炸机

昆虫的绝活

◎白蚁——高超的建筑师

在我国的古书（如《尔雅》、刘向《说苑》、郭义恭《广志》等）中所列的蚁、蛆、蟓、蜜、木蚁等名称，都把白蚁与蚂蚁混为一类。白蚁之名始见于苏轼《物类相感志》（1101年），可见从宋代开始，古人才把蚂蚁与白蚁明显区别开来。其实，白蚁是半变态昆虫，它的工蚁、兵蚁都包括有雌雄两性个体，蚂蚁是全变态昆虫，它的工蚁都是雌性个体。在外部形态方面两者也有显著区别：白蚁腹基部较粗壮，蚂蚁腹基部收缩极细，胸腹间有明显区分。白蚁在昆虫类中属于原始型种类，而蚂蚁是属于较进化型的种类。

白蚁的家族通称巢群或巢居，是所有动物中最复杂而先进的家庭组织，并且是以一夫一妻的单配制为基础的，经过产卵、繁殖、发育、分化，形成

白蚁巢

一个集团即一个巢群，每一巢群的个体数，往往增殖到几十万只，有时超过 100 万只以上。有些种类在一个群体中只有一个蚁王和蚁后，有些种类则有几个。但与蚂蚁和蜜蜂不同，白蚁不是仅有短暂的婚飞，而是过着真正意义上的婚姻生活，在许多年以后，一对白蚁夫妇仍然在继续交配。这样有助于使白蚁成为所有昆虫中最成功的物种。

在这样庞大的集体中，白蚁一般可分为生殖和非生殖两个类型，即俗称的繁殖蚁和不育蚁。繁殖蚁中又有两类：原始繁殖蚁和补充繁殖蚁。原始繁殖蚁包括蚁后及蚁王，它们的皮肤几丁化程度较高，色泽亦较浓，成虫时期有充分发达的翅，所以又称大翅型（简称第一型）。补充繁殖蚁包括色泽较浓，成虫时期有短形翅的短翅型补充繁殖蚁（简称第二型）和色泽稍淡，成虫完全缺翅的无翅型补充繁殖蚁（简称第三型）。在一般情况下，每一巢群中仅有原始繁殖蚁一对。当其死亡或遭致遗失后，该巢群的繁殖任务常被多数补充繁殖蚁所替代。

繁殖蚁除进行繁殖的基本任务外，在一定时期亦进行巢群的分殖，通称分群，由此创建新的巢群。

不育蚁的品级有工蚁和兵蚁两类，都是无翅的，一般是盲目的个体。不育蚁各品级有时还有多形态现象，如大工蚁、小工蚁、大兵蚁、小兵蚁，有时还有中间类型。工蚁占群体中极大部分。它们的任务是保护卵子及幼虫、采集食料、对其他品级进行哺喂给食、清洁筑巢等。兵蚁由于有大型上颚，所以主要承担对敌防御工作。

白蚁的头部有圆形、卵圆形、近长方形等形状。兵蚁的头很大，形态的变化也特别显著。工蚁和繁殖蚁的头大多数为圆形或卵圆形。有翅成虫的头部两侧有复眼一对，在复眼的背方或背前方有五色透明的单眼一对。白蚁的胸部由前胸、中胸、后胸三节组成。每一胸节的腹面生足一对，足一般非常短，但也有少数种类的足相当长。有翅成虫的中胸和后胸背面，各生翅一对。翅为薄膜质，形状狭长，不飞时平贴于背部，向后伸过腹部末端。翅面平坦或密布刻点。前翅略长于后翅。白蚁的腹部圆筒形或橄榄形，由10节组成。

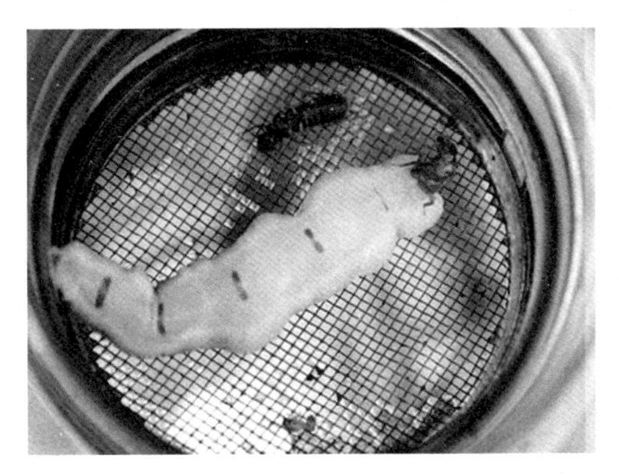

蚁　后

白蚁是属于等翅目的昆虫，全世界已经记录的种类有3 000多种，主要分布在热带、亚热带地区，我国已知有400多种。白蚁是比较原始的昆虫，是由像蟑螂一样的祖先进化而来，那时它们就具有了吃木材的能力。事实上，只是视力退化的工蚁才大量地咀嚼木材，并且把获得的食物从它们的嘴和肛门中吐出来喂养白蚁群中的其他成员。有趣的是，当开始咀嚼木材的时候，白蚁可以根据木材发出的颤动来决定吃哪一根。白蚁更喜欢吃小块的木材(如家具）而非整个大树。当咀嚼的时候木材纤维会发出噼啪的响声，并将这种刺激信号传遍全身，用以显示木材的类型和大小。

白蚁就像微型的牛，用具有多复室的胃来分解纤维素。白蚁的肠道里含有200多种微生物，由于它们的存在，喜欢啃咬木材的白蚁把大量木质纤维素食物吞下肚后就能消化，并且转化为能量。但是，这类微生物在消化分解纤维素的过程中，必然会产生出一种副产品——甲烷，也就是平常人们所说的沼气。

进入20世纪80年代后，全球气候逐渐变暖，不少地区出现了暖冬现象，这对人类社会带来了一系列的不良后果。什么原因使全球气温升高呢？原来，除了人类活动而不断增加大气中二氧化碳的含量，以及厄尔尼诺现象等因素外，昆虫家族中的白蚁也与此有关。甲烷在较低的大气层里，经过反应后能够形成二氧化碳，而大气中的二氧化碳增加，会导致地球中的热量不易散发，形成“温室效应”现象。

白蚁产生甲烷虽然已有几百万年的历史，但是它们产生甲烷的量是近年

来才加剧的。如果将2 600多种白蚁全部放到一起，它们将会占地球总生物量的10%。它们消化高纤维食物的过程中估计每年向大气释放1.5亿吨甲烷，这是个不小的数字，占了全球沼气排放总量的11%，仅次于像牛和绵羊那样的反刍动物，这对地球温度的升高必定会有重要的影响。

许多白蚁与真菌有密切联系，其中有的是共生，有的是寄生或为病原体，也有属于腐生性质的，此等菌类有的供作白蚁的营养，有的能分解白蚁吞食的纤维素、木质素，有的则尚不了解其作用。白蚁与真菌间关系最引人注目的是共生现象。在一些种类的白蚁中，工蚁可以将它们的粪便放在一个蜂窝状的小室中，从而培养出真菌以给白蚁提供丰富的蛋白质，甚至是在干燥的季节里也能保证白蚁有充足的食物。

非洲白蚁“城堡”

白蚁巢是所有动物建造的结构最为复杂的巢穴。尤其是在广袤的非洲草原上，常常能看到一座座耸立着的雄伟壮观的“城堡”。这些由几十吨泥土堆积起来的土堡，一般的有3~4米高，最高的竟有6~7米高，远远望去，在平坦开阔的草原上十分显眼。

在每个白蚁“城堡”里面，许多用途不同的小“房间”由四通八达的通道连接。位于土堡深处的是白蚁的“王宫”，身躯巨大的蚁后就住在里面。它像一部巨大的产卵机器，每天至少要产3万枚卵。负责保卫城堡的是勇敢好战的兵蚁，它们因武器不同分为两类，一种长有一对像大刀一样的大牙，一种长有可以注射毒液的刺锥。一旦有敌情，它们便会蜂拥而上，宁可战死也决不后退。工蚁个个都是杰出的“建筑家”，它们从地下挖出泥土，然后用唾液或粪便将泥土胶结起来，一口一口地吐出来堆积成高大结实的“城堡”。为了使“城堡”保持一定的温度和湿度，它们还在土堡中修筑起像烟囱一样的通风道，始终使土堡内的温度保持在29℃左右，其功能就如同一个空调系统的输送管，可以将白蚁和它们的真菌菜园所产生的热气和二氧化碳排放出去，代之以新鲜的氧气。当干旱季节来临的时候，它们又会将洞打到深深的地下，吸足了地下水后返回到土堡里，将水喷洒在墙壁上，这样做既可以降温，又可以增加土堡内的湿度。

白蚁危害范围很广，几乎对各种各样的物品都能造成直接或间接的破坏。白蚁危害严重时，受灾的房屋，几乎十室九蛀；江河堤防，也由于白蚁侵袭，常常溃决成灾，使大量生命财产毁于旦夕，造成的危害比洪水和火灾加起来还要大，现在全球每年由白蚁造成的损失超过了50亿美元。因此，世界各国对白蚁灾害极度重视，在防治和研究方面做了大量工作。由于白蚁会产生一种易挥发性物质萘，利用这种物质来抵御它的天敌。于是，科学家发明了利用这种物质挥发出的气体探测白蚁的系统，从房屋墙壁的空气里取样并对其构成进行分析，从而确定房屋是否受到白蚁侵害。

白蚁的危害

知识小链接

蚁 后

蚁后，是有受精和生殖能力的雌性，或称母蚁，在群体中体型最大，为工蚁的3~4倍，特别是腹部大，生殖器官发达，触角短，胸足小，有翅、脱翅或无翅。主要职责是产卵、繁殖后代和统管这个群体大家庭。一只离群的蚂蚁只能活几天。但蚁后寿命可长达20年。

白蚁蚁后寿命也很长，一般能活15~30年，有的甚至能活50年。

◎ 辛劳一生的蚕

蚕的幼虫可以吐丝，蚕丝是优良的纺织纤维，是绸缎的原料。蚕原产于中国，我国至少在3 000年前就开始人工养蚕了，小小的蚕为人类做出了巨大

贡献。

桑蚕又称家蚕，是以桑叶为食料的吐丝结茧的经济型蚕类，主要分布在温带、亚热带和热带地区。如今，人工饲养的蚕类大都是桑蚕。

蚕的一生要经历蚕卵、蚁蚕、蚕宝宝、蚕茧、蚕蛾等阶段，共 40 多天的时间。刚从卵中孵化出来的蚕宝宝黑黑的像蚂蚁，我们称为“蚁蚕”。蚕宝宝以桑叶为食，不断吃桑叶后身体变成白色，经过 4 次蜕皮就开始吐丝结茧，在茧中进行最后一次脱皮，就变成蛹。再过大约 10 天，蛹羽化成为蚕蛾。

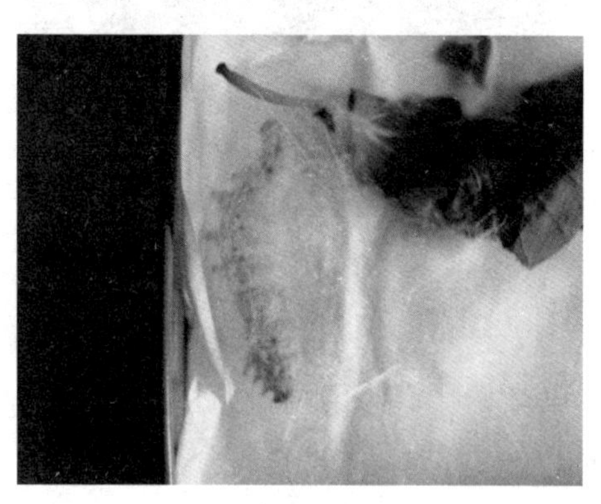

蚕吐丝作茧

蚕蛾的形状像蝴蝶，全身披着白色鳞毛，但由于两对翅膀较小，不能飞行。雌蛾比雄蛾个体要大一些，雄蛾与雌蛾交尾后，3 ~ 4 小时后就会死去，雌蛾一个晚上约产 500 粒卵，产卵后也会慢慢地死去。

蚕吐丝结茧时，头不停摆动，将丝织成一个个排列整齐的“8”字形丝圈。家蚕每结一个茧，需要变换 250 ~ 500 次位置，编织出 6 万多个“8”字形的丝圈，每个丝圈平均 0.92 厘米长，一个茧的丝长可达 700 ~ 1 500 米。

◎ 蝉——不倦的歌手

每到夏天，我们都可以听到蝉为我们展示它那嘹亮的歌喉。蝉的俗名叫“知了”，其实是一种害虫，它针状的口器可以刺入树皮吸取汁液，严重危害树木的健康。

蝉是声名狼藉的“歌手”。在夏日炎热的午后，它们为找寻配偶而大声鸣叫，音调之高，常常令人难以忍受。一些叫声很大的蝉，声音甚至可以超过 120 分贝。

蝉不同于其他的鸣虫，它有趋光性，喜欢向光明的地方飞去。当夜幕降临时，只需在树干下烧堆火，同时敲击树干，蝉便会立即扑向火光。这时候，就可以很容易地捉到它了。

蝉的一生中大部分时间都在漆黑的地下度过，幼虫在土中要生活6~7年。与幼虫相比，成虫的生命非常短暂，仅持续几个星期。雌虫在树干及树枝上产卵后，就掉在地上摔死了。卵在第二年孵化成无翅的若虫，若干年后，若虫慢慢蜕去外壳，变成一只长有羽翅的成虫。

会叫的是雄蝉

雄蝉和雌蝉都有听觉，一对大的镜面似的薄膜就是它的耳膜，耳膜由一条短筋连接着听觉器官。当一只雄蝉大声鸣叫时，它会将耳膜折叠起来，以免被自己的声音震聋。

昆虫相对于地球上的其他生物而言，寿命算是比较短的。不过，蝉的幼虫最多能活17年，也算是昆虫里的长寿者了。除了它，再没有哪种昆虫可以活这么长时间。

◎龙虱——两栖杀手

龙虱是既能在空中飞翔，又能在水中遨游的昆虫。它的体长一般为3~4厘米，最大的可达5.5厘米。身体为椭圆形而较平扁，主要为黑色，鞘侧缘为黄色，有光泽，有的种类具有条纹或点刻。它长有细长的触角，复眼位于头的后方，口器坚硬而有力。前足的前三节平扁，顶端靠里长有两个短柄的大吸盘和许多长柄的小吸盘，具有吸附作用，用于在交配时吸着在雌龙虱的背上，是雄龙虱捉抱雌龙虱时的得力“工具”，称为抱握足。后足发达，侧扁如桨，上面长着许多有弹性的刚毛。在划水时，刚毛时缩时松，有利于快速游泳。

龙虱的远祖是生活在陆地上的甲虫，所以它们还保留着祖先的一些特点，能在陆地上进行呼吸。因此，龙虱虽然大部分时间都在水中生活，但它有时也会离开水体，用翅在空中飞翔。

龙虱喜欢生活在水草丰盛的池沼、河沟和山涧等处，它们常常游到水面，将头朝下停在水里，把腹部尖端露出水面，不久便又潜进水下去了。它们也有放臭气的习性，遇到危急时，就从尾部放出黄色的液体或臭气。

龙虱长有两排贯通全身的气管，开口位于腹部上面，叫做气门。在它的鞘翅和腹部之间贮存着空气，可以通过气管供给体内。气门口上生有很多刚毛，它像一个“过滤器”，可以让空气通过，滤去杂质。龙虱通过把用过的空气从气管中排出，再把新鲜的空气吸入气管，从而在水中不停地上浮下沉。

此外，在龙虱坚硬的鞘翅下，还有一个专门用来贮存空气的贮气囊，在龙虱的腹部形成一个像氧气袋似的大气泡。比人类制造的氧气瓶更奇妙的是，这个气囊不但能贮存空气，还能够生产出氧气供龙虱使用。原来，当龙虱刚潜入水中的时候，气囊中的氧气大约占21%，氮气占79%，而这时，水中溶解的氧却占33%，氮占64%，还有3%是二氧化碳。随着龙虱在水中不断地消耗氧气，气囊内和水中的气体含量更加不平衡，于是，多余的氮气就会从气囊中扩散出来，而周围水中的氧气却乘虚而入，进入气囊。由于氧气向气囊内渗入的速度比氮气扩散的速度快3倍，水中的氧气就能源源不断地补充进来，供龙虱呼吸。一直到气囊内的氮气扩散得差不多，不能再渗入氧气的时候，龙虱才会浮出水面，重新将鞘翅下的空间贮满新鲜的空气，然后再次潜入水下遨游。

龙虱的幼虫

龙虱十分贪吃，不仅吃小虾、蝌蚪、小虫，连比它大好几倍的青蛙、小鱼，它也要发动攻击。当一只龙虱将小鱼或青蛙咬伤以后，其他伙伴一闻到血腥味，便蜂拥而至，分享“盛宴”。

龙虱是属于鞘翅目、龙虱科的昆虫，全世界已知有4 000余种，我国已知有230余种。它是完全变态的昆虫，1~2年完成1代。雌龙虱在水生植物枝、叶上产卵。孵化出来的幼虫身体细长，头上长着巨大的颚，像两把镰刀，还长有6~9节的短触角、须和两小簇单眼，上颚尖锐、弯曲，内有孔道，能吸食动物汁液。当用颚扎住猎物后，龙虱的幼虫就吐出一种特殊的有毒液体，经由管道进入猎物体内，使其麻痹。接着，它又吐出一种具有消化能力的液体，以同样方法进入猎物体内来溶解并消化猎物。然后，幼虫的咽喉便像泵一样竖着，把溶解后的营养物质吸进体内。这是一种特殊的消化方式，叫做体外消化。

龙虱的幼虫也很贪吃，一昼夜能吃掉50多只蝌蚪，甚至幼虫们在一起也会互相残杀，斗得你死我活。它有3对胸足，能在水中用足划水，同时摆动腹部，游得很快。

幼虫经过1个多月的发育成长、蜕皮，就离开水域，到岸边掘洞躲藏。它脱去原来的褐色“外套”，变成白色的蛹。这时候，它就不吃不喝了。再经过10多天，它们就变为成虫了。

◎石蛾——建筑工人

石蛾因外形很像蛾类而得名，但它并不属于蛾类，因为它的翅面具毛，与蛾类的翅大不相同。

石蛾的体型为小型至中型。口器为咀嚼式，极退化，仅下颚须和下唇须显著。头小，能自由活动；复眼大而远离；单眼3个，为毛所覆盖。触角颇长，几乎等于体长，丝状，多节，某部若干环节较大。前胸小，中、后胸相同。翅2对（有的雌石蛾无翅），膜质，前翅略长于后翅，有时远长于体长。脉相原始型，纵脉多，横脉少，后翅常有1个折叠的臀区，休息时，翅于体背折叠呈屋脊状，翅面被有粗细不等的毛或鳞。其足细长，适于奔走，基节甚长，胫节有中距及端距，跗节5节，爪一对，有爪间突，或一对爪垫。腹部10节，第5节有时特化，形成体侧囊，或细长突起。

石蛾是属于毛翅目的昆虫，全世界已知大约有1万种，我国已知大约有850种。石蛾常见于溪水边，主要在黄昏和晚间活动，白天隐藏于植物中，不取食固体食物，只吸食花蜜或水。石蛾成虫一般只能活几天时间，所以它们都在迫不及待地寻找配偶。

石蛾的变态类型为完全变态，一生经过卵、幼虫、蛹、成虫 4 个阶段。雌石蛾每次产卵可达 300 ~ 1 000 粒。卵产于水中，借助于胶质附在水中岩石、根干、水生植物上，或悬于水面上的枝条上。幼虫在水中出生，在水中长大。

有趣的是，石蛾成虫并没有它的幼虫有名。它的幼虫叫做石蚕，有“建筑专家”的美誉。石蚕的体型为是蠋型或衣鱼型，体长仅有 10 ~ 15 毫米，直径约 2 毫米。头、胸部骨化，色深，胸足发达，不具腹足，仅腹末有 1 对臀足，其上具强臀钩。石蚕的习性比较活泼，多为植食性，以藻类、水生微生物或水生高等植物为食，也有肉食性的，捕食小型甲壳类以及蚋、蚊等小型昆虫的幼虫，也有因季节不同而改变食性的，但石蚕本身又是淡水鱼类的饵料。

石　蚕

在河湖或池塘的水底，有一些用沙子或植物的碎枝条、碎叶子做成的小外套。这些套子随着季节的变化而变换颜色。秋冬是深暗色，春夏是鲜绿色。这些奇妙的小套子，就是石蚕为自己建造起来的“房子”，在这个既是栖身之地，也是伪装避敌之所里，石蚕过着舒适安全的日子。

石蚕的结巢习性高度发达，从管状到卷曲的蜗牛状巢，形态各异。许多类型的材料，如小石头、沙粒、叶片、枝条、松针，以及蜗牛壳等都可用来筑巢。有的在水面筑简单的巢；有的利用小枝、碎叶、细沙等各种材料，吐丝筑成精巧的小匣，作为可移动的或固定的居室；有的吐丝做成袋状或漏斗状的浮巢，固定一端，悬浮于流水中，取食经过水流的食物。其中可移动巢可以保护其纤薄的体壁。

在流速较缓的溪水里，石蚕出世后做的第一件事是赶紧为自己做一件管状的小外套，然后才顾得上吃东西。石蚕能用任何东西做这件外套，但通常用的材料都是取自身边的碎石、枯叶等。如果材料太大，它就用颚将其咬碎，用足举起这些材料端详着，必要时把它旋转个方向，然后小心地粘到自己的身体周围。用什么粘呢？原来它的下唇末端有一块不大的唇舌，舌上有一个能吐丝的腺体，从腺体的孔中分泌出一种遇水速固的黏液，就像胶水一样，有很强的黏性。它还用这种胶水涂在套子的内壁上，形成一层光滑的衬里，就像人们用涂料、壁纸装潢室内墙壁一样。这样，一间舒适的外套就做好了。然后，它把自己柔软的身体包裹在这个手工制作的壳里。这个“外套”具有很好的保护作用，它如同一个能拖着走的活动房子一样，可以让石蚕在水中自在地“闲逛”，不再畏惧其他捕食者了。一旦遇到敌人它就把头缩进套子里，就像蜗牛缩进壳里一样来躲避可怕的食肉动物。随着幼虫不断长大以及爬行造成的磨损，其外套要不断地加大和修缮，不过这种活动对天天长大的幼虫早已驾轻就熟了。从此，石蚕的吃喝拉撒睡都在这个“安乐窝”里，直到它长大变为成虫，离开水面到陆地上生活为止。

更为有趣的是，石蚕还会根据季节变换外套的颜色。夏天它用绿色材料粘外套。秋天，它用黄褐色材料粘外套。因此，小外套不仅是它的衣服、活动房屋，还是它的伪装衣，常常能骗过那些饥饿的捕食者。

到了冬天，幼虫全身缩进套子里，并把套子两头的孔封死，它就在里边冬眠和化蛹。石蛾的蛹为强颚离蛹，水生，靠幼虫鳃或皮肤呼吸。化蛹前，幼虫结一茧。筑巢者封巢做茧；自由生活和筑网的幼虫用丝、沙、石子等结卵圆形茧，附着于石头或其他支持物上。蛹具强大上颚，成熟后借此破茧而出，然后游到水面，爬上树干或石头，羽化为成虫。

通常一个完整的石蛾生活史循环需要1年，但少数种类1年2代或2年1代，石蛾一生中大多数时间是在幼虫期度过的，卵期很短，蛹期需2~3周，成虫生活约1个月。

石蚕生活于湖泊、河流以及小溪中，偏爱较冷的无污染水域，生态学忍耐性相对较窄，对水质污染反应灵敏，是显示水流污染程度较好的指示昆虫，也是环保专家研究环境和检测水质好坏的好助手。

同时，它又是许多鱼类的主要食物来源，在淡水生态系统的食物链中占据重要位置。

探秘动物世界

动物是自然界中生物的一大类，与植物、微生物相对。动物一般不能将无机物合成为有机物，只能以有机物（植物、动物或微生物）为食料，因此具有与植物不同的形态结构和生理功能，以进行摄食、消化、吸收、呼吸、循环、排泄、感觉、运动和繁殖等生命活动。根据动物的生存状态，可将它们分为水生动物和陆生动物。另外，还有些动物能够同时适应陆生和水生生活，因此我们称之为两栖动物。这几类动物共同构成了一个神奇的动物世界。

陆生动物

◎典型的爬行动物

飞　蜥

普通飞蜥

飞蜥生活在澳洲西伊里安岛上。它身体细长，尾巴长度几乎和躯体相等，样子有点像壁虎，只有手掌那么大。有趣的是，这种飞蜥身上左右各长有一块皮膜，当这褶叠式的皮膜张开时，简直就像飞鸟的翅膀，飞蜥就凭借这对“翅膀”在树林中自由自在地飞翔。飞蜥从树上起跳，可以滑翔50米，它平稳地落到另一棵树上时，翅膀便一下子消失了，就像从未出现过一样。原来，它的“翅膀”是有弹性的，并固定在肋骨上，当肋骨合拢时，翅膀也就不见了。

飞蜥大部分时间栖息于树干上，身上的皮肤与树枝同色，所以昆虫不易发现它。一旦昆虫从它旁边飞过时，飞蜥便张开皮膜，疾驰上去吃掉它们，整个动作干脆利索。当它遇到敌害时，飞蜥的翅膀会时张时合，用闪光吓唬对方。

鳄　蜥

鳄蜥又叫雷公蜥，它的头很像蜥蜴，身体和尾巴极像鳄鱼，因此名叫鳄蜥。它是我国的特产动物和一级保护动物，只生活在广西大瑶山区。它和新西兰的楔齿蜥一样，也是古老的珍贵动物。

鳄蜥体长30厘米，四肢发达，爪子锐利。它的背是褐色的，腹部是黄白色的。它喜欢吃蝗虫、蝌蚪和小鱼。鳄蜥的看家本领是“装死”，这是它重要的护身法宝。因为它体小力微，行动又不灵活，遇到稍微厉害一点的动物就难以应付。于是，当别的动物抓到它时，鳄蜥就一动不动，不论怎么拨弄它，它都纹丝不动。来犯者常常以为这不过是一具尸体，稍一疏忽，鳄蜥便逃之夭夭，如果捕捉者不小心碰了它，也会被它死死咬住不放。鳄蜥的装死未免有些消极，但消极中却有着积极的意义，使它一直生存到今天。

古老的珍贵动物鳄蜥

楔齿蜥

楔齿蜥又叫喙头蜥，是新西兰特有的古老爬行动物。它的模样有点像蜥蜴，又有点像鳄，乍一看，它的嘴巴像鸟喙，所以人们又叫它喙头蜥。楔齿蜥的身上是淡棕绿色的，鳞片上有小黄点。它的躯体长 30～60 厘米，嘴里长着小锯齿一样的小牙，背上有一列锯齿样的东西，从脖子一直延伸到尾巴。楔齿蜥能活 100 岁左右，可以称得上是“寿星”了。

楔齿蜥曾在三叠纪和侏罗纪时就广泛分布于全世界，其古老的程度大大超过中生代的恐龙。它的主要原始特点表现在：具有犁骨齿，雄蜥没有外生殖器官，头顶上有“颅顶眼”。从构造看，虽然这只眼保存了角膜、水晶体和视网膜，但只能接受光的刺激，不能当作视觉器官使用，已经退化了。

古老的爬行动物楔齿蜥

楔齿蜥的另一个奇特之处是，幼蜥要经过 15 个月才能孵化出来，

时间之长是所有卵生动物中少见的。小楔齿蜥的生长非常缓慢，它从出壳开始必须经过 20 年才能达到性成熟阶段。现代人类大量捕杀楔齿蜥，它们离灭绝之日并不遥远了。

紫　貂

野生紫貂

紫貂也叫黑貂，属于食肉目鼬科，因为它的毛皮很珍贵，同人参、鹿茸合称为我国“东北三宝”。紫貂分布在西伯利亚、我国东北和蒙古人民共和国等地。

紫貂外形很像黄鼠狼，但比黄鼠狼大，身体细长，尾巴较粗，尖端毛很长。大耳朵，尖鼻子，4 条腿很短，爪子很尖利，是爬树能手。全身棕黑或黄褐色，腹部淡褐色。

紫貂栖息在针叶林或混交林的密林深处，尤其原始森林中数量较多，主要吃各种老鼠、鸟和其他小动物，以及植物的浆果、种子。白天常常呆在树洞或石堆下的巢穴里，早晨出来找吃的。它行动敏捷，不但会爬树，还能在地上奔跳。

紫貂每年 4 ~ 5 月繁殖，每次产2 ~ 4 仔。小崽出生后 36 天才睁开眼睛，由雌貂哺育，大约两个月后小貂可以出洞找食，3 年成熟，4 年后才能生育。

大熊猫

大熊猫是我国特产的珍贵动物，它只生活在我国四川、甘肃、陕西等省的少数崇山峻岭地区，十分稀少，已被列为国家一级保护动物。

大熊猫在分类上属食肉目熊科大猫熊亚科。外形很像熊，身体肥胖，四肢粗壮，头圆、耳小、尾巴短，脚和爪同熊一样。身体的毛色黑白分明，头和体躯乳白色，四肢黑色；白脑袋上有两只黑耳朵和两个黑眼眶，好像戴着一副墨镜。大熊猫的个头儿和黑熊差不多，体长 1.5 ~ 1.8 米，体重 100 千克以上。

憨态可掬的大熊猫

大熊猫的祖先是以食肉为生的，可演变到今天，它却偏爱吃素。大熊猫主要吃竹笋和嫩叶，有时也吃蜂蜜、鸟卵和竹鼠等小动物，偶尔会猎食羊等家畜。

大熊猫生活在海拔2 000～4 000米的高山地带，那里山高林密，空气稀薄，地势险峻。它既会涉水，又会爬树，一钻进竹林，便很难找到。它还有一种惊人的本事，就是能躺在树上睡大觉。

大熊猫的寿命约10～25岁，繁殖力很低，每胎只产一仔，刚生下的熊猫，小得出奇，只有90～130克重，一年后就可达几十千克。两年后就可以独立生活了。

麋 鹿

“四不像”——麋鹿

“四不像”是珍贵的鹿科动物，学名叫麋鹿。它个儿不大，有角，有一条长50厘米的尾巴。之所以叫“四不像”，是因为它的蹄像牛而不是牛，尾像驴而不是驴，颈像驼而不是骆驼，角像鹿而没有鹿的眉叉。它的尾巴比一般鹿长，还生有丛毛。一般体长2米，肩高1米多，体重在100～200千克，全身的毛能随季节变化，冬天棕灰色，夏天淡红褐色。不但喜欢玩水，还会游泳，主要在河旁、湖沼地带以水生植物及岸边青草为食。

麋鹿有争夺配偶的习性。雄麋鹿之间常常发生凶猛的角斗，招致伤亡。雌鹿怀孕期10个月，每胎只产一仔。

麋鹿原本是我国的特产动物，到清中期，只在北京南苑的“南海子皇家

猎苑”里发现唯一的一群。后来被盗运到国外，在我国就绝迹了。1956 年，英国伦敦动物学会赠送我国两对“四不像”，才使它们重新回到故乡繁衍生息。现在江苏省建有麋鹿国家级自然保护区。

海　狗

海狗又叫海熊，是海狮的“亲戚”。长约 1 ~ 2 米，面貌像狗，头上有高高的额骨，两旁长着耳壳，眼珠转动灵活，满身是浓密的黑色软毛。四肢很短，变成了鳍一般，它在水中游泳倒很方便，可陆上步行就显得艰难了。

海狗的雌雄大小差别很大，一只雄海狗体重可达 203 千克，雌海狗只有 36 千克左右，雄海狗要比雌海狗重 5. 2 倍。一头雄海狗常常有 40 头左右的雌海狗作“妻子”，最多的有 108 头。每年繁殖季节，年富力强的雄海狗先到达繁殖场，在海岸或岩石上，占据一块地方，耐心地等雌海狗来。雄海狗的性格好斗，又叫“斗狗”。它们为了争夺雌海狗，常常发生凶恶的斗咬，一直到对方被打败逃走为止。

白唇鹿

白唇鹿是我国青藏高原地区特产的珍贵动物，是鹿类中稀有的一种，已列为国家一级保护动物。

国家一级保护动物白唇鹿

白唇鹿体型较大，身长约 2 米，肩高 1. 3 米，重达 130 千克左右。它的颈较长，从颈至肩部披着长毛，尾巴很短，只有 30 厘米长，耳朵又长又尖，鼻子宽阔而厚实。下唇和吻端两边为纯白色，所以得名白唇鹿。

白唇鹿生活在海拔 3 500 ~ 5 000 米的高山灌林带或山地草原上，吃草类和矮小的灌木。身上有厚密的长毛，不怕寒冷和风雪，四蹄宽大，习惯于爬山越岭。它是群居动物，常作远距离的迁徙，是一种十分顽强和耐苦的鹿。

雄的白唇鹿有长而扁平的角，角有8个分枝，枝位较多，又特别长。

角　马

黑尾角马

角马是非洲的著名珍贵动物。共有两种：一种个儿较大，尾巴黑色，叫黑尾角马；另一种个儿较小，尾巴白色，叫白尾角马。它们的头像牛但有胡须；身体像羚羊而头颈却又粗又短，有鬃毛；尾巴像马，长而多毛，所以又叫牛羚。

每年7月末到8月初，角马从坦桑尼亚的塞伦格提向北方挺进。这是角马一年一度的季节性大迁徙。角马的迁徙是非常艰辛的，它们要日夜兼程，越过峡谷、河流，抵抗猛兽的袭击。这千辛万苦的“长征”是迫不得已的。因为每年12月到第二年7月份前，塞伦格提平原气候凉爽干燥，地上满是嫩草，角马可以不愁吃喝地生活在这里。可是7月初进入雨季后，角马的粮源就断了，所以它们选择了迁徙。

豪　猪

豪猪又叫箭猪、刺猪，广泛分布在我国的长江流域和西南各省。它的身体肥壮，体重十几千克，身体长50~70厘米，牙齿锐利，头部有点像老鼠，全身棕褐色，从背部直到尾部披着簇箭一样的棘刺，臀部棘刺长而集中，尾巴隐藏在刺里面，不容易看到。它身上最粗的长刺像筷子，呈纺锤形，最长的可达0.4米，每根刺的颜色是黑一段白一段，黑白相间的。豪猪居住在洞穴里，每年繁殖一次，每次产仔2~4只，刚生下的小豪猪的刺是软的，但很快会变硬起来。

豪猪遇到敌兽时，它屁股上的长刺会立即竖起，并发出“沙沙”的声音警告对方。如果敌兽再紧紧相逼，它就转身用屁股相迎，把刺刺进对方肉里。有时候虎、豹被豪猪刺伤后，会造成烂舌头和瞎眼睛。

白暨豚

白暨豚又叫白鳍豚，是我国特产的一种淡水鲸。只生活在我国洞庭湖及其附近的长江中下游，是我国的一级保护动物。

浮出水面的白鳍豚

白暨豚身体上部呈漂亮的蓝灰色，腹部洁白，皮肤光滑。体长 1.5 ~ 2.5 米，重达 230 千克。它的眼睛小得像绿豆，耳孔有针眼大小。它的嘴部长达 30 厘米，嘴里长有 130 多颗牙齿，习惯用长吻伸到湖中烂泥里去捉鱼吃，无论多么光滑的鱼都难逃它的牙齿。

虽然白暨豚的视力不好，但是它的身体内有独特的发声和接收回声定位的组织，频率都在超声范围，是超过现代化声呐设备的活雷达。它的上呼吸道有 3 对奇异的气囊和一个喉，能在水中发出不同的声音，用来进行回声定位，识别物体，探测食物，联系伙伴逃避敌害。

海　獭

海獭又叫腊虎，体长 1 米左右，它的尾巴约 0.3 米，占体长的 1/3，头小，躯干肥大，呈圆筒状；前肢短，能抓东西；后肢又扁又宽，趾间有蹼，状如鱼鳍，便于游泳和潜水。海獭大部分时间生活在水中，只有在休息和生育时才爬到岸上。别看它在水中游动自如，到了陆上就显得十分笨拙了。

憨头憨脑的海獭

海獭的主要食物是海胆、贻贝和海藻等，因为海胆等动物的壳坚硬，用牙是咬不破的，它就先把海胆、贻贝等动物和石头一起挟在前肢下面松弛的皮囊中。浮出水面后，它就把石头放在胸部，用短粗的前肢挟着海胆在石头上撞击，直到壳破肉出，方才吞食。

猩　猩

猩猩的老家在亚洲的苏门答腊和加里曼丹。猩猩和大猩猩、黑猩猩是同族兄弟，比大猩猩小，比黑猩猩大。猩猩身上的长毛稀疏柔软，好像得了毛发脱落症。它的胳膊又长又粗，腿却又短又弯，又圆又大的脑袋上长着两个很小的耳朵。

猩猩喜欢在树上攀援行走，它的两只长胳膊灵活有力，在树与树之间就像荡秋千一样，自在快活。一旦离开树林，到了地上，它就显得十分笨拙迟缓了。它爱吃果实和嫩叶。

猩　猩

猩猩不喜欢群居，而以小家庭的形式生活，老雄猩猩性情孤独，常常像老和尚打坐一样，一动不动地坐着。年老的猩猩性情暴烈，猩猩之间的搏斗经常要斗到一方将对方手指或脚趾咬掉了几个才肯罢休。

穿山甲

穿山甲又名鲮鲤，属于鳞甲目鲮鲤科，是全身披着盔甲的一种怪兽。穿山甲的身体狭长，头部又尖又长，四肢粗短，尾巴扁平。它那尖细的嘴巴像一支笔管，它没有牙齿，全靠一根细长而有黏液的舌头舔食白蚁和蚂蚁等小虫子。它的身上不长毛，满身披着一层扁平的角质鳞甲。

穿山甲长长的舌头

穿山甲过着雌雄共栖的穴居生活。夜间爬出洞外，它走路时前肢指关节着地，跪着行进。它常用强有力的爪子扒坏白蚁的巢，伸出又长又粘的舌，舐食蚁群和其他昆虫。

因为穿山甲没有牙齿，所以吃的食物全靠胃里留存的几块小石子来研磨。它的视觉很差，但嗅觉却很灵敏。穿山甲胆子非常小，一旦遇到惊吓，就蜷缩成团，再凶猛的野兽，见到了这团满身鳞甲的怪物，也无从下嘴。

长颈鹿

长颈鹿属于偶蹄目长颈鹿科，是世界上最高的动物。它的头颈和腿都很长，站立起来有 6 米高。

世界最高的动物——长颈鹿

长颈鹿生活在非洲东南部，常成群站立在稀树草原中，一动不动，每群约有几十只。它们爱啃食阿拉伯橡胶树的叶子，很少喝水，这是因为它们的脖子不容易弯曲，腿又很长，要想喝水，必须把前面两条腿分别伸展到两边，或者跪在地上，才能使头部碰到水面喝上水。它们每喝一次水都要费很大的劲，也容易受到敌兽的攻击。

长颈鹿性情温顺，它能和羚羊、斑马等动物和睦相处，从不打架。长颈鹿还是个“哑巴”，这是因为它没有声带，即使在极痛苦或非常恐惧时也从不鸣叫。长颈鹿走路姿态非常斯文，但跑起来速度相当快，连马也赶不上。

袋　鼠

澳大利亚是袋鼠的故乡，共有 50 多种袋鼠，其中大灰袋鼠和大赤袋鼠是整个袋鼠家族的“巨人”，鼠袋鼠则是这个家族的“侏儒”。

大袋鼠体形很像老鼠，但头小耳大。身长约 1.5 米，体重将近 100 千克。袋鼠的后腿和尾巴强大有力，平时它用后腿和尾巴支持身体，成为一个“三角架”。往往一跳有 7 米远，3 米高，每小时飞跑的速度可达 48 千米以上。跳跃时摇动尾巴像舵一样，维持身体平衡。它们的主要食物是青草、树皮、树叶和嫩枝。

袋鼠的特殊之处是在它的腹部生有一个皮袋，刚生下的小袋鼠只有两厘米长，比小手指头还细，半透明状好像一条蠕虫。小袋鼠在爬进育儿袋后，就会吃奶了，它们要在育儿袋中生活8个月才能外出活动，但一有动静就赶紧钻进袋内。出袋后的小袋鼠，要经过3年左右才能长成熟。

大灰袋鼠

驼　鹿

驼鹿又叫麋，属于偶蹄目鹿科。主要分布在欧亚大陆和北美大陆的北部地区，以及我国的大兴安岭北部，已被列为国家二级保护动物。驼鹿身高超过两米，体重超过600千克，是世界上最大的鹿。它的腿很长，有1.2米长，肩部向上隆起，脖子短，雄驼鹿头上长着一对分杈的大角，好像一对仙人掌；雌驼鹿不长角，无论是雌的还是雄的，脖子下都有一个肉垂，上面长有很长的毛，垂到喉下。

驼　鹿

驼鹿是水陆皆能的动物，它在池塘、湖沼中跋涉、游泳、潜水、找东西吃，行动十分轻松敏捷，一次可以游20千米，还能潜入5.5米深的水底寻找水生植物，然后升到水面呼吸和咀嚼，一边泡澡一边吃食是它最高兴的事了。在陆地上，驼鹿奔跑也极快，每小时可跑55千米以上。驼鹿的食物是树叶。驼鹿每年5~6月产仔，每胎1~2个，小鹿随妈妈生活一年，3岁时成熟。驼鹿的平均寿命约为30岁。

猎　豹

猎豹是世界上奔跑最快的哺乳动物。它的外形像金钱豹，但略瘦小一些，

奔跑中的猎豹

它的头和身体有点像猫，4 条腿像狗，叫声像美洲豹，也会像鸟一样“唧唧”地叫。猎豹喜欢独来独往，或者公母一对出来活动，生活在非洲大草原上的干燥地区。猎豹的短跑纪录是每小时奔跑 113 千米，比汽车的速度还快。猎豹一看到可吃的野兽，便以高速追击猎物，只要距离不太远，被追击者即使跑得再快，也会被逮住的。如果遇到像斑马那样体型较大的猎物时，几只猎豹会协同作战，一起把它杀死。

雪　豹

雪豹的外貌和大小同金钱豹差不多，只是头小些，毛更厚更长，尾巴更粗更长。它全身淡青而略带灰色，腹部纯白，背脊中央到尾部有条淡黑色浅纹，全身缀着蔷薇花形的褐色斑点。如果它蹲伏不动，就像一块青灰色的大石头。

雪豹是我国青藏高原和帕米尔高原的特有动物，它耐寒怕热，宁愿住在高山雪地里，也不愿藏身丛林和灌木之中。雪豹大都成对栖息，白天在洞中休息，早晨、黄昏和夜间出来活动。主要吃盘羊、岩羊、獐子、鹿、兔、鼠等。

雪豹十分机警、狡猾，在雪地走路时，总是把长尾巴垂在地上来回摆动，把它当扫帚，消除自己在雪地里留下的脚印，以躲避猎人的追踪。

猛犸象

猛犸象是生活在 40 多万年前到 1 万多年前的象类家族中的一个特殊成员。它的家乡在我国东北和内蒙古、俄罗斯的西伯利亚和美国阿拉斯加的冰天雪地。它的身躯并不比大象小，满身披着浓厚的长毛，它的耳朵比大象小，上面也长满了毛。高而圆的头顶下面长着一条长鼻子，两支向上弯曲的象牙，最长的有 4 米多。它的背上有一个高耸的肩峰，里面贮藏了大量的脂肪和其他营养物质。臀部向下塌，尾巴上还长着一丛毛。猛犸象是一种能经得住风雪袭击的耐寒动物。

关于猛犸象的灭绝，科学家们认为是由于人类的大量捕杀和气候变暖，它无法适应环境才最终消失的。西伯利亚的冻土带是世界上最著名的猛犸象的墓地。

在近百年的时间里，有上亿吨的猛犸象牙齿和骨骼被发掘出来。它们是制作各种精美工艺品的上等原料。

史前猛犸象

◎典型的鸟类

极乐鸟

极乐鸟属于雀形目极乐鸟科，是巴布亚新几内亚的国鸟。极乐鸟全身大部分为深褐色，头部为金绿色，身体两侧丛生着深黄色的长绒毛，闪闪发光。尾部当中长着两根长羽毛。极乐鸟有很多种，最著名的是无足极乐鸟、王极乐鸟、蓝极乐鸟、顶羽极乐鸟和带尾极乐鸟。无足极乐鸟长60多厘米，当它们狂欢起舞时，绒羽就竖立起来，形成两面金光灿烂的扇形屏风；蓝极乐鸟羽色鲜艳，雄鸟向雌鸟求爱时，会把自己倒悬在树枝上；顶羽极乐鸟头上有两根长达60厘米的羽毛，其中一根是褐色的，另一根上面长着蓝白色的光滑的细绒毛；带尾极乐鸟是最名贵的一种，很不容易见到；极乐鸟常常雌雄比翼迎风飞翔，只要有一只被捉住，另一只鸟就会绝食而死。

蓝极乐鸟

营冢鸟

营冢鸟

营冢鸟属于鸡形目营冢鸟科，是澳大利亚及其附近岛屿上生活方式很特殊的一种鸟类。营冢鸟的外形很像鸡，但颈部较长，脚也长并且强健有力。营冢鸟从不孵蛋，在繁殖季节来到之前，雄鸟就开始大兴土木。它把树叶和干草堆到一起，有几米高的时候，雌鸟每隔几天在上面下一个蛋，然后走开。雄鸟马上把泥沙铺在上面，利用树叶腐烂产生的热量孵蛋，雄鸟要保持树叶堆里的温度在33℃ ~34℃左右，如果温度高了，就扒开一些泥沙，让里面的热量散发掉一些；温度太低了，就多堆一些泥沙，以提高树叶的温度。就这样，营冢鸟要整整忙上11个月，雏鸟才从土下90厘米的深处破壳而出。这时，父母儿女将形同陌路，互相避开。

犀　鸟

犀鸟生活在东南亚热带丛林和我国云南西双版纳密林中。犀鸟的形状很特别，身体很大，通常70 ~120厘米长，嘴特别大，长达35厘米。它的眼睛上长着美丽的长睫毛，大嘴上面长着凸起的角质帽，看起来好像奇形怪状的犀角，因此，人们称它为犀鸟。

大嘴犀鸟

犀鸟喜欢栖息在密林深处的参天古木上。它有时啄食树上的果实，有时也捕捉昆虫、爬行类、两栖类和兽类来喂小鸟。

犀鸟在每年五六月间，选择大树洞产卵。雌鸟进洞后，雄鸟在洞外以一种类似胶状的胃中分泌物，混合着木质的果壳和种子等把洞封起来，只留一个小孔，让雌鸟把嘴伸出去，雄鸟在洞外取食喂养雌鸟，一直到小鸟孵出以后，雌鸟才从洞中飞出，并把小鸟封在里面，父母轮流给小鸟喂食。

寿带鸟

寿带鸟也叫一枝花，是温带森林中一种尾巴很长的美丽的食虫鸟。寿带鸟的大小和麻雀差不多，但尾部的羽毛却很长，尤其是雄鸟尾部中央的两根羽毛是身体的 4～5 倍。寿带鸟的羽色变化多端，随年龄的不同，通常有栗色和白色两种类型。人们把白色的寿带鸟看成是梁山伯的化身，把栗色的寿带鸟看成是祝英台的化身。其实，寿带鸟年轻时是一身栗色羽毛，到了老年则变得洁白如雪。年轻雄鸟的头是蓝色的，带有金属般的光泽，头顶上有一排羽毛，鸣叫的时候会一根根竖起来，肚皮是白色的，背、翅膀和尾部羽毛都是栗色的。雌鸟羽毛稍暗，尾羽较短。

寿带鸟美丽的羽毛

寿带鸟常隐栖于树丛林间，在树与树之间飞来飞去，飞行缓慢，很少落地。寿带鸟的食物几乎全是昆虫，其中大部分是农林业害虫，包括鳞翅目昆虫、直翅目昆虫、蝇类和鞘翅目昆虫等。

戴　胜

戴胜又称“臭姑鸪”，属佛法僧目戴胜科。常常出现在林缘耕地附近，是温带森林地带的夏候鸟。

戴胜头戴美丽的“高帽子”，身上的羽毛是棕褐色的，翅膀和尾羽大都黑色，并有白色或棕白色的横斑，它的嘴又细又长，稍向下弯曲。戴胜唱得起劲的时候，脑袋会忽高忽低，“帽子”一起一伏，十分有趣。

头戴“高帽子”的戴胜

戴胜常常单独栖息在开阔的原野、农田或林缘的树木上，到地面找食。戴胜主要吃农林害虫，尤其是地下害虫，人称“田园卫士”。它在5~6月间繁殖，在树洞、岩缝、破墙窟窿里筑巢，产5~9个蛋。戴胜有个坏毛病，就是不讲卫生，粪便、脏物堆得巢中臭气冲天，它身上还会分泌一种臭味液体，而一沾到手上，几天以后还能闻到那种臭味。因此人们称它为“臭姑鸪”。

绿头鸭

绿头鸭又叫大红腿、大绿头，是一种比较大型的野鸭，它和斑嘴鸭都是家鸭的祖先。雄鸭的头和颈呈绿色，颈基有一条白色领环与胸相隔。雌鸭背面黑褐色，腹面浅棕色，无论雌雄，双脚都是橙红色。

绿头鸭从水中直立而起

绿头鸭生活在河流、湖泊的草丛中，每年秋天它们飞到南方越冬，第二年春天又回到北方。它们总是喜欢成群结队地迁徙。绿头鸭的尾巴上有一对发达的油脂腺，会分泌出油脂，胸毛也能分泌一种“粉状角质薄片”。由于羽毛比较轻，能使身体浮在水面上，脚上的蹼可以当桨划，绿头鸭就是靠着这些本领在水中自由自在地游动的。

绿头鸭以野生植物的种子、芽、茎叶、谷物、藻类、软体动物和昆虫为食。一般每窝产卵10枚左右，卵有两种色型，与家鸭相似。据考证，家鸭的祖先是由绿头鸭驯化来的。历史上，有关家鸭最早的记载是在公元前475～公元前221年的战国时代，也就是说在2 000多年前的战国时代，我们的祖先就开始把绿头鸭驯化成家鸭了。

椋　鸟

椋鸟以善于模仿多种声音而闻名于世，是鸟类中出色的口技演员。椋鸟不但能学会许多鸣禽的啼啭，而且能模仿青蛙的呱呱声、鹤的呵呵声、锯木时的刺耳声、小马的嘶鸣声、人的口哨声、汽车的喇叭声等，凡是它们经常听到的声音，都能惟妙惟肖地模仿出来。如果跟人相处，还能学会几句人话呢。

灰头椋鸟

椋鸟的“服装”也很讲究，头戴黑色小帽，身穿各色外套，显得十分别致。椋鸟的特长不只是表演口技，还能捕捉大量的害虫。各种椋鸟都喜欢吃含有很多蛋白质的蝗虫、蟋蟀、毛虫、地老虎和蜗牛等农林害虫。

鹩　哥

鹩哥是中外闻名的鸣禽，又叫秦吉了，样子跟八哥差不多。它通体黑色，闪着明亮的金属光泽，翅上有一道不大但较为明显的白斑。嘴厚实，橘红色。从嘴基后面生出两片黄色肉垂，一直披到头后，显得与众不同。

鹩哥生活在我国云南南部、广西和海南省，歌声婉转悦耳，变化多端，

鸣禽鹩哥

还能模仿其他鸟鸣叫，学说人话用不着修舌，比八哥还易调教，经过训练的鹩哥能说一些简单的语句，能读外文，还能进行诗歌朗诵。

鹩哥的小名"秦吉了"还有一段传说呢。据说，有一对青年男女自由恋爱，但不能天天在一起彼此倾诉衷肠，全靠一只鹩哥给他们往来传送信件。一天，又到了送信的时候了，那只鹩哥对女子说："情急了。"女子见自己的心事被它一语道破，又羞又喜便叫它为"情急了"。传来传去，"情急"二字便改成了"秦吉"，于是鹩哥就有了"秦吉了"的雅号。

织布鸟

织布鸟的种类很多，分布于世界各地。我国云南的西双版纳有一种黄胸织布鸟，大小和模样与麻雀相似。

黄胸织布鸟

因为织布鸟的编织技术十分高超，它能像织布那样编织自己的巢。织布鸟用来编织房子的材料是柔软而强韧的草叶。织布鸟的房子形状像一个悬挂在树下的葫芦，上细下粗。它的编织工作主要是用嘴巴来完成的，也离不开脚的帮助。它先把结实的粗纤维编成绳子，牢牢地系在树枝上，然后用嘴巴把细叶穿入缠绕树枝的圆环，打成一个结儿，再缠绕交织，在细树枝上固牢之后，就像经纬线排列那样不停地织起来，巢越来越大，巢壁也越来越厚。巢的入口处在一侧的下面，这样即使外面下倾盆大雨，窝内也平安无事。巢与巢口之间常修筑一条"飞行跑道"，织布鸟既可以将它作为起落的跑道，又能防备入侵的敌人。

金丝燕

金丝燕又叫雨燕，属于雨燕目雨燕科的热带鸟类，生活在泰国、菲律宾、印度尼西亚等地。

金丝燕是雨燕科中最小的一类，身长在 9 ~ 13 厘米，它的羽色灰黑稍显暗褐，腰部有一条像白色带子的羽毛。翅膀又尖又长，强健有力。脚很纤弱，几乎不能在地面上行走，只能在回巢时暂作抓附的一点帮助。金丝燕整日飞翔，很少休息，以捕食昆虫为生。

金丝燕是在岩壁上筑巢的，它们筑巢所用的材料是独一无二的。它们的喉部黏液非常发达，能分泌大量浓厚而富有胶黏性的唾液，金丝燕用自己吐出的黏液，混合着绿色的藻类，堆积和粘固在岩洞石壁上，做成碗碟状半圆形的燕窝。燕窝的颜色发白，像真丝一样，稍稍透明又富有弹性。70 多种雨燕中，只有少数几种雨燕的窝是用纯分泌液做成的。最好的燕窝几乎全是唾液凝固成的。

水生动物和两栖动物

◎典型的鱼类

电　鳗

电鳗是生活在南美洲的亚马逊河和俄利诺科河中的一种会放电的鱼。它的形状有些像鳗，有人腿那么粗，身长 2 米多，重 20 多千克，身体光滑无鳞。因为它的肛门长在喉部，所以尾巴显得很长，大约占体长的 4/5。

会放电的电鳗

电鳗是河湖里的“魔王”，当它寻找食物或遭到袭击的时候，就立即放电，即使像鳄鱼那样凶狠的

动物，也会被它电得半死不活的，被它电死的鱼、蛙等，它一顿都吃不完。电鳗之所以能放电，是因为在它的尾部两边皮下，各有一对发电器。电鳗发电的电压最高可达550～800伏，在水里的有效范围是3～6米，是现存发电鱼类中能力最强的。它可以将水中的人、过河的牛和马击毙。电鳗每放一次电后，要24小时才能继续放电。

电　鳐

电鳐的模样很怪，扁平的身子，头和胸部连在一起，浑身光滑无鳞，后面拖着一条肉滚滚的粗棒般的尾巴，整个身体像一把厚厚的团扇。背前方长着一对小眼睛，腹面前端生有一张小嘴，两侧各有5个鳃孔，长约1.6米，宽约1米。主要生活在太平洋、大西洋、印度洋等热带和亚热带海域里。

模样怪怪的电鳐

在电鳐的头侧和胸鳍之间，有一对卵形的发电器，能发电对付敌害和捕捉鱼虾。人如果在海洋里碰上它，身体会像受到剧烈打击一样，突然抖动起来。然而，这种电流刺激却能治疗风湿病、癫狂病等，所以电鳐又是治疗风湿病的“医生”。电鳐凭着自己的“电武器”，在海洋里几乎是无敌的。

电鳐的种类很多，发电能力也各不相同，一次发电最大的电压有200伏，最小的只有37伏。

攀　鲈

攀鲈是一种能离开水，在陆地上爬行的鱼。它生活在我国南方、印度、缅甸和菲律宾的淡水河湖中。它个子不大，每当旱季河水快要干涸的时候，它就会离开水，用鳃盖上的钩刺顶着地面，依靠胸鳍和尾巴，慢慢地爬行，有时能爬得很远，甚至还会爬到树上。

攀鲈鳃腔内的背部，生有像木耳一样的褶状薄膜，动物学上叫作鳃上副呼吸器，可以协助鳃呼吸。在薄膜上有许多微血管，空气里的氧气可以通过这些微血管进入血液，并排出二氧化碳，起到呼吸作用。

斗　鱼

生活在中南半岛和我国南方河流里的斗鱼，体色鲜艳又好斗，是著名的观赏鱼。它身长不过 7～8 厘米，全身浅绿，上面有 12 条黑色斑纹，会发出金黄色的光。小嘴巴，大眼睛，鳍条柔长如丝，在我国的南方人们又叫它“花毛巾”。

斗鱼把打斗当成家常便饭，两条雄鱼碰到一块就要搏斗，张开全身的鳍，互相撕咬，杀得难解难分，其结果不是两败俱伤就是一方被咬死。斗鱼在争斗时，全身的颜色会由浅绿色变成红色，再变得红里透紫，最后变成青黑色，闪光的金色更加灿烂夺目。

著名的观赏鱼——斗鱼

在斗鱼繁殖的夏季里，雄斗鱼披着美丽的外衣寻找自己的伴侣，还不时从嘴里吐出一团团黏性气泡，筑成浮巢。雌斗鱼向雄斗鱼表示满意时，自己褐色的身躯上会露出一些灰色条纹。这时，它们双双游到巢边，进行产卵仪式，雄鱼把受精卵用嘴送到浮巢内，然后将雌鱼赶走。雄鱼在巢边独自守护，直到幼鱼孵化出来为止。

翻车鱼

翻车鱼是世界上最重的硬骨鱼，它和一般鱼长得不一样，头和身体分不清楚，好像一只大鸭蛋。不过它不是椭圆形的，而是左右扁平的。它的背鳍和臂鳍一上一下高大相对，没有腹鳍，身体的后半段好像被一刀切去，只留下头部似的，所以又叫它头鱼。它的嘴巴小，牙齿愈合像一块板，行动迟钝。

一只成年翻车鱼大约有1.5米长，最长的有5.5米，重达1 400千克。

翻车鱼还是世界上产卵最多的鱼，一只母翻车鱼一次产卵量最多时有3亿粒，每粒直径大约1.27毫米，不过真正能孵出幼鱼的卵不是很多，因为大部分卵没有受精而成为废卵，还有大量的卵被其他鱼类吞食。刚孵出的幼鱼也和其他鱼类一样，不过长大了，就变成了和它父母一样的怪模样了。

食人鱼

食人鱼可怖的牙齿

食人鱼生活在安第斯山脉以东、南美洲的中南部河流，巴西、圭亚那的沿岸河流。在阿根廷、玻利维亚、巴西、哥伦比亚、圭亚那、巴拉圭、乌拉圭、秘鲁及委内瑞拉都有发现。

食人鱼（又名食人鲳）栖息在河宽甚广、水流较湍急处。在巴西的亚马孙河流域，食人鱼被列入当地最危险的四种水族生物之首。在食人鱼活动最频繁的巴西马把格洛索州，每年约有1 200头牛在河中被食人鱼吃掉。一些在水中玩的孩子和洗衣服的妇女不时也会受到食人鱼的攻击。食人鱼因其凶残特点被称为“水中狼族”、“水鬼”。成年食人鱼主要在黎明和黄昏时觅食，以昆虫、蠕虫、鱼类为主。

成熟的食人鱼雌雄外观相似，具鲜绿色的背部和鲜红色的腹部，体侧有斑纹。有高度发育的听觉。两颚短而有力，下颚突出，牙齿为三角形，尖锐，上下互相交错排列。咬住猎物后紧咬着不放，以身体的扭动将肉撕裂下来，一口可咬下16立方厘米的肉。牙齿的轮流替换使其能持续觅食，而强有力的齿列可严重地咬伤猎物。

繁殖期食人鱼会将卵产在水中的树根上，卵具黏着性。一次可产上千颗的卵。亲鱼会有护卵的行为，受精卵在9～10天之后孵化。河水的泛滥情形会影响其繁殖的成功率。

如果猎物在水中保持静止，食人鱼就不能发现猎物，即使在猎物身上有伤口的情况下也不例外。因为食人鱼对人或动物的攻击并不是依靠灵敏的嗅觉，而是凭借着水花和水里的波动感觉猎物的存在。

食人鱼常成群结队出没，每群会有一个领袖，其他的会跟随领袖行动，连攻击的目标也一样。在旱季时，水域变小，使得食人鱼集结成一大群，经过此水域的动物或人就容易受到攻击。

◎典型的两栖动物

弹琴蛙

弹琴蛙生活在我国台湾、云南、四川和福建等省山区的水田或水塘附近。它身长只有5厘米，灰褐色的身体上，点缀着黑色的斑点。因为雄蛙会发出“噔、噔、噔”的声音，像电子琴演奏“1、3、5”的乐曲声，所以人们叫它弹琴蛙。

弹琴蛙

弹琴蛙繁殖后代的手段十分高明，它们用泥巴在近水的泥埂地上筑窝。上方有一个圆形小洞，泥窝的长、宽、高都是5厘米。雌蛙和雄蛙共同筑好窝后，雌蛙在窝里产下外包胶质厚膜的卵，并把这些卵连成一片，蛙卵在厚膜的保护下正常发育。雨季到来的时候，已经孵出的小蝌蚪被大雨相继冲入水中，游到附近的水塘里，开始了自己的新生活。

树　蛙

树蛙又叫飞蛙，分布在印度、东南亚和我国南部。顾名思义，树蛙是生活在树上的，它的脚趾大而长，趾间长着很宽的蹼膜，趾端有很大的吸盘。依靠吸盘的吸附作用，它能在树干上轻巧地爬行而不会掉下来。树蛙还会“飞”，它可以把趾间的膜张开，像大纸扇一样扇动起来，使自己从一棵树滑

翔到另一棵树上，或降落到地上。

生活在树上的蛙类——树蛙

树蛙是一种夜间活动的动物，主要捕食昆虫和蜘蛛等，它还会随着周围环境的变化而改变自己的体色，以保护自己并获得食物。

母蛙在树上产卵分泌出很多黏液，并用腿把它搅拌成泡沫状，然后将卵产进泡沫里，整堆卵泡就牢牢粘在树枝上。当蝌蚪孵化时，卵泡的底部就融化，小蝌蚪纷纷跌入水中，自由自在地游起来，直到它们长成和它们的父母一样的时候，才又回到树上生活。

角　怪

角怪的学名叫崇安髭蟾，又叫胡子蛙，是我国特有的两栖动物。角怪分布在四川峨眉山和福建武夷山地区。

雄性髭蟾的上唇两边，生有一对黑色的角质刺，坚硬得像玫瑰花上的刺。角怪的眼珠上半边呈黄棕色，下半边呈蓝紫色，瞳孔是纵置的，会随着光线的强弱缩小或放大，像猫的眼睛一样，在强光下，瞳孔缩成一条纵缝。

武夷山角怪

角怪的生活习性也怪，它的后肢短，前肢长而有力，白天躲在溪流附近的石缝草丛和树洞里，晚上出来找食物，它主要吃昆虫、蛞蝓、蜗牛等。角怪在其他蛙类冬眠的时候出来产卵，那灰白色的卵就粘附在临近水面的石块上。卵在寒冷的溪水中，要经过一个月左右才能孵出小蝌蚪。小蝌蚪要经过两个冬天才能长出四肢，变成小角怪。

动物的技能

◎能巧用工具的动物

动物王国里，除灵长类动物外，还有一些会使用工具以猎取食物和进行自卫的动物，其中有些在使用工具时，表现得非常有趣。

乌鸦吃河蚌时，总是先叼起一块石头，把河蚌的硬壳砸开；啄木鸟吃榛子时，先把榛子卡在树皮的小洞里，然后连续地啄敲果壳，直到果壳裂开为止；埃及山鹰很爱吃鸵鸟的蛋，但鸵鸟蛋壳很厚，它便叼块石头，向蛋上猛砸，直至蛋壳被砸开；北极熊对海象发动攻击时，总是乘海象正在打瞌睡时，突然捡起一个大冰块从海象脑后打去，一下子就把海象打昏了；小水獭找到一个蛤蜊后，便仰卧在水面，在肚皮上放一块石头，用前肢抓住蛤蜊，不停地往石头上碰撞，直到把蛤蜊壳敲开为止；黑猩猩爱吃白蚂蚁，它会拾来一根树枝，剥得光光的，伸入蚂蚁洞里，等蚂蚁爬满树枝，再拉出来美餐一顿……

◎会换装的动物

在寒冷地区生活的动物，为了适应环境，每到冬季，它们便换上了冬装。我国东北大森林中的雪兔，夏季时毛色棕红略有褐色的波纹，但到冬天，它全身绒毛就变成雪白的了。欧洲北部的雪貂、西伯利亚的松鼠、北美哈德逊湾的旅鼠……每到冬季毛色也都变白了。

雪　兔

动物冬季换毛，是在长期进化过程中形成的一种适应性能，因为冬季毛色深的小动物，容易被发现而遭到伤害，换成浅色体毛的动物在冰天雪地里活动时，则容

易躲避敌害。这是某些动物在漫长的生存斗争中，形成的更换“白色冬装”的遗传习性。

◎“节能”动物

动物在与自然界的生存斗争中，经常会面临饥饿、干渴以及环境变化的威胁，所以如何减少体内能量的消耗，便显得十分重要。

蛇的耐饿本领十分惊人，因为它有一套节能方法。蛇是一种变温动物，比恒温动物消耗能量要少得多，拿大蟒蛇和猪相比，它们每天能量消耗是1∶150。因为消耗少，所以蛇冬眠时其体重只不过减轻2%左右。骆驼的耐渴能力是很惊人的，它除在体内存贮大量水外，必要时还可将体内脂肪转化成水使用，加上它很少出汗和排尿，因此，即使长时间不喝水，它也能正常生活。

有一种金行鸟，每年春秋迁徙时，它不吃不睡，一口气飞行4 000多千米，但体重只减轻0.06千克；蝎子能饿9个月而体重却丝毫不减；在北美的一个石油矿中，人们发现已休眠了许多年的活青蛙，其节约能量和利用能量的奥秘，至今还是令人费解的生命之谜。

◎无眼动物

欧洲匈牙利北部有一个石灰岩洞，这个岩洞里栖居着大量没有眼睛的动物。这个岩洞早在20世纪30年代就受到科学界的关注，经长期探测，在洞里曾发现了262种动物。从1958年以来，研究人员又多次在这里进行了详尽的考察，新发现了40种动物。

这些动物由于一直生活在黑暗中，长期的演化，几乎都没有眼睛。相反，它们则具有高度发达的触觉器官，从而代替了视觉器官，所以它们仍然和有眼睛的动物一样，能自如活动。

◎能预报天气的动物

许多动物对天气晴雨的感觉很灵敏，所以古人经过长期观察，总结出“燕子低飞蛇过道，滂沱大雨即来到”等谚语。

在雨前，由于天气闷热，气压下降，空气湿度大，许多动物会感到气闷，这时，昆虫一般都飞不高，燕子也就擦地而飞，捕捉小虫吃。而蛇在洞中于雨前也会感到闷热不舒服，便出洞到空旷通畅的地方透气。蜜蜂在大雨即将来临时，也都提前飞回蜂巢避雨。泥鳅在水底因呼吸困难，便浮到水面上，甚至还不时跃出水面。蚂蚁在洞里感到气闷，便挖大巢穴，甚至集群搬到地势较高的地方。青蛙也因气闷难忍，跳出水面到陆上来活动，还不停地呱呱乱叫。蜘蛛因空气湿度太大，不能张网捕食，便躲到树枝上或墙角去休息。连牛羊在大雨前的晚上也不愿回圈，白天更不爱活动，而是一个劲地低头啃草，以防雨天饿肚子。当人们一看见这些动物的反常现象时，便知道将要下雨了。

燕子在水面低飞

◎ 讲秩序的动物

有许多动物是很守集群纪律与秩序的，其中人所共知的一种是大雁。其实黄蜂和沙丁鱼更是遵守纪律的典范。

据实验证明，黄蜂在蜂窝外边的狭窄通道上行动时，一律是靠左侧行走，从不发生任何冲突。当遇到负重的同伴时，不负重的黄蜂便会主动让开道，让负重的同伴先行。

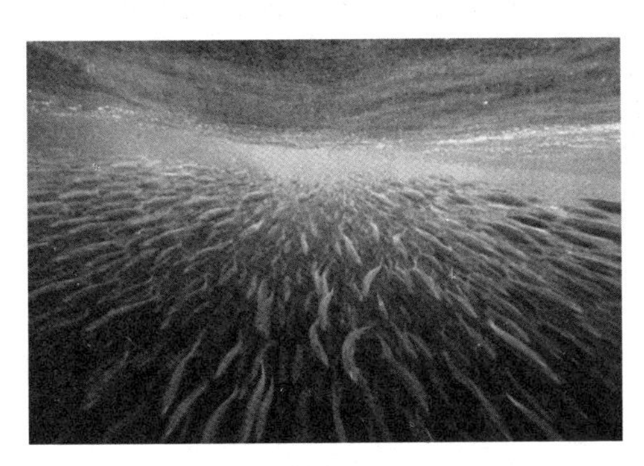

井然有序前行的沙丁鱼群

海洋里的沙丁鱼，不仅有遵守纪律的好品行，还有尊老爱幼、互助互让的美德。它们成群在狭路上前进时，总是自觉地排成整齐的队伍；如鱼群中混入了别的鱼类，它们便彬彬有礼地把下层让给别的鱼类，自己在上层列队前进；在长途行进时，年龄小的鱼在水的下层列队，年龄大的则在水的上层列队保

护，并且鱼与鱼之间的远近距离基本相等，而不是挤成一团或乱游乱闯，其纪律与秩序非常严明而井然。

◎会购物的大象

许多人只知道大象驯顺笨拙，但事实并非如此，大象有时也会发脾气，而且还会向人要钞票，用钞票购物哩。

斯里兰卡大象群

斯里兰卡的大象，当它为主人劳动一天，雇主付工资给管象人时，它也伸着鼻子要求给分几个卢比。如果管象人不给它，它就发脾气“罢工”，不肯再劳动，而且站在那里一动不动，任你推打，甚至用针刺它也不理睬，真叫人无计可施，最后管象人只好分给它一点钞票，它就把钞票卷起来塞在耳朵里，等休息时，便走到香蕉摊去买香蕉吃。有时钞票多了花不完时，它还会藏到树缝里存起来等以后再用。据说它藏钞票的地方，人是很难找到的。

◎捕蛇的羊

在我国云南省的大山里，生活着一种身长1米以上的毒蛇，它凶猛暴烈，连骡、马、牛也会被它咬死，但这里的山羊却专爱捕食这种蛇。当山羊遇到这种蛇时，便勇敢地冲上去，用铁锤般的前蹄把蛇几下就踩死了，然后吃掉。如遇大蛇时，它会吸引蛇把自己缠住，然后吐气缩小肚子，等到蛇越缠越紧时，羊则使劲鼓气，接着猛地一挣，把蛇的骨节拉脱，甚至会拉成数截，其余的羊便争着把蛇吃掉。

◎吃猫的老鼠

猫是捕鼠的能手，一般老鼠一见了猫，总是吱吱哀叫，浑身发抖，软作一团。但在非洲大陆上却有一种吃猫的恶鼠，它和普通的老鼠大小相仿，不同之处就是长着一张坚硬锋利的嘴巴，在遇到敌害时，还能发出一种麻痹动物中枢神经的烈性怪味。它一遇到猫，便吱吱地乱叫，接着就发出烈性怪味，猫嗅到这种怪味后，便浑身发抖，软作一团，它则乘势扑上去，用坚硬锋利的牙齿，咬断猫的咽喉，把血吸尽，然后把猫拖进洞里慢慢吃掉。

◎吃铁的怪鸟

世界上有不少鸟类和家禽因为消化硬质食物的需要，经常习惯吞食一些砂粒石子，这是人们司空见惯的现象。

在沙特阿拉伯北部的森林里，却生长着一种能吃铁的怪鸟。它长着尖尖的头，圆圆的身，黑亮的羽毛，叫声很难听。特别爱吃铁制品，如铁钉、铁屑、小铁块、小铁球。据说有一次，一个铁匠背着一袋小铁钉在树下睡觉，当他醒来时发现袋里的小铁钉少了一半，经查找，在树林深处发现了一些小铁钉正在被一群小鸟争食着。据科学家解剖分析，这种能吃铁的鸟，其胃液里盐酸的含量特别多，所以能将金属腐蚀溶解掉。而且由于身体的需要，必须经常找铁质的东西吃。

◎散 香 龟

防止食物腐烂的最好办法，是将食物放在电冰箱里，但电冰箱价格很贵，然而在非洲有些农村里，农民家中却都有一个不花钱的“冰箱”。

在非洲尼日尔阿德拉东部的喀道牧村，生长着一种褐黄色的乌龟，它和普通乌龟一样。但奇异的是它头顶上有一个香腺，沿着颈部伸出一组细小的香腺管，一直通往甲壳下的许多香胞里，这些香胞每天能制造出0.3克的香素，这种香素味道极为浓郁，有强大的杀灭霉菌的作用，食物柜里有了这种香素，可使食物不变质。当地居民在

散香龟

食物柜里都放着这种乌龟。它的正式学名叫“散香龟”。人们称它是“食物的防腐者”或称为“廉价冰箱”。

◎ 会捕鱼的鱼

在海面下约 1 600 米的海洋深处，生活着一种奇异的会钓鱼的鱼，它极难捕捉，身长只有 10 厘米，全身漆黑，从头到尾长满尖刺。有趣的是在它的前额上，有一根细长的圆筒，尖端上只有一条更细的“绳子”，长度和圆筒相等，在绳的末梢又长有一套复杂完备的天然工具：3 只鱼钩形的角质爪，每一只爪下又配备着一盏黄色的“探照灯”，以引诱鱼类。这套巧妙的专门用来钓鱼的钓竿设备，完全依靠体内 6 条基举肌肉来控制。它的钓鱼本领娴熟而敏捷，每天可钓到数十条小鱼。它的牙齿长在嘴唇上，可以随嘴唇向上、向外翻动，一旦把小鱼吃进口中便马上咬紧牙关，小鱼便很难溜掉。

它的钓竿又是防身武器，当遇到敌害时，能在瞬间把钓竿向前一挺，爪上的“探照灯”猛然向对方射出光芒，乘敌人惊吓之际，它就迅速地逃之夭夭了。

◎ 长翅膀的鱼

1984 年，我国台湾省花莲的渔民，在东海岸水涟海域捕获了一条长有 1 对翅膀的怪鱼。

这怪鱼身长 30 多厘米，体重约 0. 75 千克，它有 1 个三角硬壳头，头顶上有两尖角，角内生有 1 根方向线，头部稍有龟壳纹，两边有硬刺和两个大翅膀，两翅膀张开呈半圆形，全身鳞片很坚硬，似蛇皮。当地渔民都从未见过这种鱼，从《世界鱼类》书上查对，发现这种鱼颇似“飞鲂鱼”，但究竟是一种什么鱼，至今还没弄清。

◎ 深海大章鱼

章鱼备有特殊防御工具——墨囊。当遇到敌人时，便把墨囊里的墨汁喷射出来染黑周围海水，使敌人找不到它而得以迅速逃走。其墨汁里还含有毒素，可使敌人中毒，因此也是一种进攻的武器。特别是它长有强有力的4对捉脚，是摄取食物和缠绕住敌人，并使之窒息而死的有力武器。

巨型章鱼

在深海里生长有一种大章鱼，是凶猛的海生动物，据说在大西洋的纽芬兰岛附近曾发现一种大章鱼，体长约18米，捉脚伸开竟有11米长，体重达30吨左右。渔民们曾看见过它和鲸拼死搏斗的场面，鲸的头被它长而有力的捉脚紧紧缠住，直至鼻孔被堵而窒息致死。有的捕鲸者也常发现一些鲸的嘴角和唇边带有伤痕，这是与大章鱼进行搏斗的印记。这两种巨型海洋动物一旦在海洋中相遇，就必然发生恶战，往往两败俱伤，血溅大海，可染红数海里长的海水。

知识小链接

章　鱼

章鱼，又称石居、八爪鱼、坐蛸、石吸、望潮、死牛，属于软体动物门头足纲八腕目。章鱼有8个腕足，腕足上有许多吸盘；遇敌时会喷出黑色的墨汁，然后逃之夭夭。章鱼体呈短卵圆形，无鳍。章鱼的头部约7~9.5厘米，平时用腕爬行，有时借腕间的膜伸缩来游泳，或用头下部的漏斗喷水作快速退游。多栖息于浅海砂砾或软泥底以及岩礁处，肉食性，以瓣鳃类和甲壳类为食。许多海鱼以章鱼为食。春末夏初，喜在螺壳中产卵，故可用绳穿红螺壳沉入海底，按时提取捕得章鱼；秋冬季常穴居较深海域泥沙中。

动物的奇异之谜

◎本能感应之谜

很多动物具有超常感本能，它们能够预感危险，这就是它们的奇异之处。

在美国，有只两岁的英格兰血统牧羊犬博比，它的主人名叫布雷诺，家住美国俄勒冈州。1923 年 8 月，布雷诺带着小狗博比从俄勒冈州去印第安纳州的一个小镇度假时，博比不幸走失了。从此博比开始了它神奇、惊险，而又极不平凡的超常旅程。博比用了 6 个月的时间，历尽千难万险，历经 1 500 千米路程，终于从印第安纳州回到了俄勒冈州的家，找到了它的主人。对于博比这次艰险的 1 500 千米旅程，很多人觉得简直难以置信。为了进一步证实这次旅程，俄勒冈州的“保护动物协会”主席返回到博比走失的原地点，勘查了这条小狗所走过的所有路径，访问了沿途许许多多见过、喂过、收留它住宿，甚至曾经捉过它的人，最后证实了这一切确实可信。

在人们都赞扬博比的忠诚、勇敢、坚毅的同时，科学家却想到了一个不可思议的问题：博比在几千里外是怎么找到回家路的？当初他的主人是开车走的公路，博比并没有沿着它的主人往返的路线走，而它走的路与主人开车走过的路一直相距甚远。事实上，根据动物协会勘查的结果，博比所走过的几千里路是它从来没有见过、没有嗅过，也根本不熟悉的道路。对博比这次旅程经历研究的结果使人们相信，这条小狗之所以能回家，是靠着一种特殊的能力和感觉觅路的，这种本领与已知的犬类感觉完全不同。有人认为动物这种神秘的感觉和能力是一种人类尚未了解的超感知觉，或者称之为超常感。这个名词源于希腊文的第 23 个字母，用于代表自然界动物的超自然感官本能。它指的是有些动物能够以超自然的感觉感知周围的环境，或者与某人、某事，或与其他动物之间有着心灵的沟通。然而，这种沟通似乎是通过我们人类并不知道又无法解释的某些渠道进行的。

动物的超常感，引起了世界各国的科学家的重视，并作了大量的研究。

科学家们发现，某些动物确实具有一些非常奇特的感觉本能，并能以独特的方式利用人类具有的五种感觉本能，而还有一些动物的某些感官功能是我们人类完全没有的，或是我们现在还没能完全了解到的。

◎识数之谜

动物能不能识别数字，为此人们一直争论不休。科学家也力图通过试验来进行鉴定。而自然界中的许多动物又确实为人们提供了一些可以研究的机会。

有一个科学家做过一次试验。他请来4位拿枪的猎人来试验乌鸦，乌鸦看见拿枪的猎人来了，就躲到大树顶上，不飞下来。4位猎人当着乌鸦的面躲进草棚。一会儿，走了一个猎人，乌鸦不飞下来；又走了一个猎人，乌鸦还不飞下来；可是第三个猎人走后，乌鸦就飞下来了。它大概以为猎人全走了。科学家因此怀疑，乌鸦识数能数到“3”。

美国有只黑猩猩，每次都得喂它10根香蕉。有一次饲养员故意逗它，只给了它8根香蕉，黑猩猩吃完了，还去继续找饲养员要香蕉吃，饲养员又给它1根，它还不肯罢休，直到再给它1根，吃够了10根后猩猩才心满意足地离去了。也许，黑猩猩确实“心中有数”。自然界的动物究竟能不能识数，它们是怎样数的？科学家对此十分感兴趣。

知识小链接

黑猩猩

黑猩猩是猩猩科中最小的种类，体长70~92.5厘米，站立时高1~1.7米，雄性体重为56~80千克，雌性体重为45~68千克；身体被毛较短，黑色，通常臀部有一白斑，面部灰褐色，手和脚灰色并覆以稀疏黑毛；幼猩猩的鼻、耳、手和脚均为肉色；耳朵特大，向两旁突出，眼窝深凹，眉脊很高、头顶毛发向后；手长24厘米；犬齿发达，齿式与人类同；无尾；有黑猩猩和小黑猩猩（倭黑猩猩）两种。

◎ 雌雄互变之谜

男变女、女变男，平常对人类来说是不可能的，即使是在高科技的今天，在医学手术的帮助下，变性也是一件不容易的事。但在生物界中，却是一种司空见惯的现象。

人类对这种性逆转现象的研究首先是从低等生物——细菌开始的。在人的大肠里寄生着一种杆状细菌，被称为大肠杆菌。在电子显微镜下可以发现，大肠杆菌有雌雄之分，雌的呈圆形，雄的则两头尖尖。令人惊奇的是，每当雌雄互相接触时，都会发生奇异的性逆转，即雄的变为雌的，雌的则变为雄的。后来经科学家研究，发生雌雄互变的媒介在于一种叫“性决定素”的东西，当雌雄接触时，就将彼此的“性决定素”互赠给对方，从而改变了彼此的性别。

后来科学家们又发现，在比细菌高等的生物体上也存在性逆转现象，诸如沙蚕、牡蛎、红鲷、黄鳝、鳟鱼等。有人认为这些生物的原始生殖组织同时具有两种性别发展的因素，当受到一定条件刺激时，就能向相应的性别变化。

沙蚕是一种生长在沿海泥沙中，长得像蜈蚣一样的动物。当把两条雌沙蚕放在一起时，其中的一条就会变为雄性，而另一条却保持不变。但是，如果将它们分别放在两个玻璃瓶中，让它们彼此看不见摸不着，则它们都不变。

红绸鱼

还有一种一夫多妻的红鲷鱼，也具有变性特征。当一个群体中的首领——唯一的那条雄鱼死掉或被人捉走后，用不了多久，在剩下的雌鱼群中，其中一只身体强壮者，体色会变得艳丽起来，鳍变得又长又大，卵巢萎缩，精囊膨大，最终成为一条雄鱼而取代原来“丈夫”的地位。若把这一条也捉走，剩余的雌鱼又会有一条变成雄鱼。但是如果把一群雌红鲷鱼与雄红鲷鱼分别养在两个玻璃缸中，只要它们互相能看到，雌鱼群中就不能变出雄鱼来，但如果将两个缸用木板隔开，使它们互相看不见，雌鱼群中很快就变出一条雄鱼。这究竟是为什么，还是一个未解之谜。

有人对鱼类的“变性之谜”进行了研究，认为鱼类改变性别的目的，主要是为了能够最大限度地繁殖后代和使个体获得异性刺激。美国犹他大学海洋生物学家迈克尔认为，在一种雌鱼群或一种雄鱼群中，其中个头较大者，几乎垄断了与所有异性交配的机会。这样，当雌鱼较小时能保证有交配的机会，待到长大变成雄性时，又有更多的繁育机会，与性别不变的同类相比，它们的交配繁育机会就相对增加了。同样，在从雄性变为雌性的鱼类中，雌鱼的个体常大于雄鱼。雄鱼虽小，但成年的小雄鱼所带有的几百万精子，足够使更大的雌鱼所带的卵全部受精。另外这些雌鱼与成熟的无论个体大小的雄鱼都能交配。因此，它们小一点的时候是雄鱼，长大以后变雌鱼，不仅得到交配的双重机会，而且与那些从不变性的鱼类相比，又多产生一倍的受精卵，这对繁殖后代大有益处。

对动物界里频频发生的变性现象，至今仍没有一个令人满意的、科学的解释，还需要人类进一步的研究、探索。

◎充当信使之谜

鸽子当信使是早为人知的事，但狗、鸭等其他动物也能当信使就鲜为人知了。1815 年，法国的拿破仑在滑铁卢战役中被击败。得胜的英军把写有这个消息的纸条缚在一只信鸽的脚上，结果这只信鸽飞越原野，穿过海峡，回到伦敦，第一个把胜利的消息送到了伦敦。

只要对狗加强训练，狗也可成为称职的信使。在法国巴黎，有些人在缴付报费后，每天准时派训练过的狗到附近的报亭中去取报。

美国著名的动物学家佛曼训练了一批野鸭，让它们把气象表和各种科学情报送到很远的地方去。这些野鸭还能将捆在爪子上的照片和稿件，送到报社。

有些动物之所以能从事传递信息工作，是因人们利用其归巢的生活习性；而有些动物则要通过训练，让它们具备条件反射能力，才能胜任信使工作。

鸽子信使

那么，有些动物，比如鸽子，长途飞行为什么不会迷路呢？

有些科学家认为，鸽子两眼之间的突起，在长途飞行中，能测量地球磁场的变化。有人把受过训练的20只鸽子，其中10只的翅膀装了小磁铁，另外10只装上铜片，放飞的结果是：装铜片的鸽子在2天内有8只回家，可是带磁铁的鸽子4天后只有1只回家，且显得筋疲力尽。这说明小磁铁产生的磁场，影响了鸽子对地球磁场的判断，从而断定鸽子对飞行方向的判定的确与磁场有关。也有些科学家认为，鸽子能感受纬度，因此不会迷路。更多科学家认为，鸽子能感受磁场和纬度，它们用这些感受来辨别方向。科学家们不但对鸽子飞行为什么不迷路各持己见，而对其他动物长途跋涉不迷路也是众说纷纭，谁是谁非，有待科学家们进一步研究。

◎ 自疗之谜

自然界的野生动物受了伤，得了病，谁能给它们治疗呢？动物们有自己给自己治病的本领。有些动物会用野生植物来给自己治病。

春天来了，美洲大黑熊刚从冬眠中醒来，身体总是不舒服，精神状态也不好。它就去找点儿有缓泻作用的果实吃，把长期堵在直肠里的硬粪块排泄出去。这样黑熊的精神就振奋了，体质也恢复了常态，开始了冬眠以后的正常生活。

在北美洲南部，有一种野生的吐绶鸡，也叫火鸡。它长着一副古怪稀奇的脸，人们又管它叫“七面鸟”。别看样子怪，可它会给自己的孩子治病。当小吐绶鸡被大雨淋湿了时，它们的父母会逼着它们吞下一种安息香树叶，来预防感冒。中医告诉我们，安息香树叶是解热镇痛的。

热带森林中的猴子，假如出现了怕冷、战栗的症状，就是得了疟疾，它就会去啃金鸡纳树的树皮。因为这种树皮中含有奎宁，是治疗疟疾的良药。

贪吃的野猫如果吃了有毒的东西，就会急急忙忙去寻找葫芦草。这种苦味有毒的草含有生物碱，吃了以后引起呕吐，野猫在又吐又泻后，病就慢慢地好了。看来，野猫还知道“以毒攻毒”的治疗方法呢。

在美洲，有人捉到一只长臂猿，发现它的腰上长着一个大疙瘩，人们以为它长了肿瘤，可仔细一看，才发现长臂猿受了伤，那个大疙瘩，是它自己敷的一堆嚼过的香树叶子。这是印第安人治伤的草药，长臂猿也知道它的疗效。

有一个探险家在森林里发现，一只大象在岩石上来回磨蹭，直到伤口上涂了一层厚厚的灰土和细砂。有些得病的大象找不到治病的野生植物，就吞下几千克的泥灰石。原来这种泥灰石中含钠、氧化镁、硅酸盐等矿物质，有治病作用。

温敷是医疗学上的一种消炎方法，猩猩也知道用它来治病。猩猩得了牙髓炎后，就会把湿泥涂到脸上或嘴里，等消了炎，再把病牙拔掉。

除此以外，许多动物还能给自己做“复位治疗”。黑熊的肚子被对手抓破了，内脏漏了出来，它就把内脏塞进去，然后再躲到一个安静角落里来“疗养”几天，以等待伤口愈合。

倘若青蛙被石块击伤了，内脏从口腔里露了出来，它就始终张嘴呆在原地不动，并慢慢吞进内脏，3 天以后，它的身体复原了，居然还能跳到池塘里捉虫子啦。

动物自我治疗的本领，引发了科学家极大的兴趣。那么它们是怎么知道这些疗法的呢？现在还没有一个圆满的解释。

◎肢体再生之谜

生物进化的过程，是一个“物竞天择”的过程。在大自然激烈的竞争中，生物具有了千奇百怪的本领，比如有一部分生物为了自卫，就像象棋中的“丢卒保车”一样，可以舍弃身体中的某一部分，然后从身体里重新长出被丢掉的部分，这着实让人赞叹不已。

在处于险境时，壁虎可以折断尾巴，让丢弃的尾巴迷惑进攻者，自己则逃进洞穴。而用不了多久，一条新的尾巴就从折断的地方长了出来。

兔子也有它独特的再生本领，当狐狸咬住兔子的皮毛时，它能弃皮而逃。兔子的皮跟羊皮纸一样薄。被扯掉皮的地方一点儿血也没有，而且伤口处会很快长出新皮毛。

还有海参，把内脏抛给“敌人”，倾肠倒肚，留下躯壳逃生，不多久，它又再造出一副内脏。海星更是分身有术，因为海星是以贻贝、杂色蛤、牡蛎为食，所以它是海洋养殖业大敌，从事养殖的人非常讨厌海星，捉到它后常弄得粉身碎骨再投入大海，结果却适得其反，每一块海星碎块都繁殖出了新海星。

谈起动物界的再生之王，那就要属海绵了。海绵是最原始的多细胞动物，它的再生本领是无以伦比的，如果把海绵切成许许多多的碎块，抛入海中，非但不能损伤它们的生命，相反它们中的每一块却能独立生活，并逐渐长大形成一个新海绵。即使把海绵捣烂过筛，再混合起来，在良好条件下，只需几天时间就可以重新组成小海绵个体。

研究动物的再生能力，无疑对探寻人的肢体再生途径有极大的启发，可是遗憾的是，至今人们并没有完全揭开动物再生之谜。

◎ 导航之谜

世界上许多动物有着奇异的远航能力。如生活在南美洲的绿海龟，每年6月中旬便成群结队地从巴西沿海出发，历时2个多月，行程2 000多千米，到达大西洋上的阿森松岛，在那里生儿育女以后又返回老家。2个月后小龟破壳而出，同样像它们的父母一样游回遥远的巴西沿海。

这种奇异的远航本领，鸟类可能更胜一筹。身长仅4厘米的北极燕鸥，每年在美国的新英格兰地区筑巢产卵育雏，到8月份便携儿带女飞往南方，12月份到达南极洲，到第二年春天，又飞回新英格兰，每年飞行距离达3.5万千米。

令人感兴趣的是，许多与人类有密切关系的家养动物，也有远途外出而不迷路的能力。这些动物是凭借什么来辨别方向、认识路线的呢？科学家们利用蜜蜂和鸽子所做的动物导航实验，已经初步揭开了这两种动物导航的秘密。著名的诺贝尔奖获得者、奥地利生物学家弗里希，曾在20世纪40年代，用一系列实验测出了蜜峰的基本导航能力，证明了蜜蜂通常是利用太阳作为罗盘进行导航的。他指出蜜蜂以太阳作为参考点，通过“舞蹈”告诉其他蜜蜂如何到达它发现的花源地。

北极燕鸥

信鸽的实验，进一步证明了动物的远航是以太阳为罗盘进行导航的。科学家曾做过一个实验：将一群鸽子关在离家以西160千米的屋里，中午时打开电灯模拟黎明，然后放出鸽子，它们以为这是黎明，太阳在东方，但此时却正好在南方，鸽子看到太阳后就根据太阳来导航而飞向南方，它们还以为这是向东方朝家飞呢。

蜜蜂和鸽子不仅在有太阳的时候能顺利导航，就是在没有阳光的阴天也能准确地返回自己的家园。因此可以推测，它们可能有另外一套导航系统。美国科学家沃尔科特曾做过一个实验，他给鸽子带上一个小头盔，可以精确地控制每只鸽子飞行时的磁场。晴天时鸽子均能正常返回，而遇到阴天，当控制头盔产生一个北极朝上的磁场时，鸽子就飞不回来；如果产生一个南极朝上的磁场时，鸽子又可直接飞回。这就证明鸽子是利用磁北极导航的。科学家们也通过实验发现蜜蜂对磁场很敏感。

科学家们的实验，虽然已初步揭示了蜜蜂和鸽子导航的秘密，但是太阳、星星的位置会随时间而变化，即使是地磁场的强度也会有变化。那么鸽子和蜜蜂是怎样根据变化而调整自己的导航行为，至今尚无人知晓。加上动物种类繁多，海龟、北极燕鸥以及大蝴蝶等能远航的动物，是凭借什么回到自己的老家的，这些都是尚未揭开的秘密。

◎ 季节迁飞之谜

每年秋天，成群的大雁在高空排成整齐的队伍，向着遥远的南方飞去。

到了第二年阳春季节，大雁又会沿着原路，准确无误地飞回来。这种依季节不同而变更栖息地的习性，叫做季节迁飞。有这种习性的鸟，叫候鸟。

大雁南飞

像大雁、燕子等都是候鸟。候鸟每年的迁飞时间、路线几乎不变，更奇特的是，有的候鸟，如金丝燕在第二年返回家乡时，还能找到它们往年住过的“老房子”，并在这座“房子”里一代一代地生活下去。

除候鸟外，有些昆虫也有迁飞习性。美洲有一种体形美丽，被喻为百蝶之王的蝴蝶——君主蝶，每天秋天便成群地从北美向南飞行，行程达 3 000 多千米。它们在墨西哥、古巴、巴哈马群岛和美国加利福尼亚州南部过冬，到了第二年春天便逐渐向北迁移。它们在途中进行繁殖，产卵后自己就死亡了，卵化出的新一代君主蝶重新飞往南方过冬。

为什么有些鸟类和昆虫具有这种迁飞的本领？在迁飞过程中靠什么定向？这些问题是十分有趣和难解的。短距离飞行可以用视觉定向，但长距离飞行单靠视觉就不够了。

君主蝶

科学家推测，鸟类可能以太阳的位置作为定向的罗盘。如果是这样，那么它们必须补偿因太阳位置移动而引起的那部分时差。因此，科学家认为，候鸟体内可能有一种能够精确计算太阳移位的生物钟，能对白天的时间进行校对。那么夜间如何定向呢？一个非常合理的推论是：它们利用星星定向。可是没有星星的夜晚，它们仍照飞不误，那又是根据什么定向呢？因此有人认为，它们有可能利用地球的磁场、偏振光、气压、气味等来进行定向。

对于蝴蝶的季节迁飞，科学家认为，可能同遗传因素有关。蝴蝶季节迁飞的研究还刚刚开始，科学家期待着更多更有趣的发现。

◎集体自杀之谜

1946 年 10 月，在阿根廷马德普拉塔海滨浴场，有 830 多头鲸集体自杀。1979 年 6 月、9 月和 1980 年 6 月，在美国的弗兰斯海滩、澳大利亚新南威士州北部和新西兰的海边，先后发现有 40 多头和近百头巨鲸冲上海滩，集体自杀。对鲸类集体自杀的原因，说法不一。有人认为鲸在深海中生活，全靠身上的声纳定位系统来辨别方向、寻找食物。声纳不断发出超声波，超生波遇到水中其他物体时，被反射回来，鲸根据反射回来的超声波来决定自己的行动。鲸游到浅海域，由于海滩的轻度斜坡和海岸地形的影响，使其声纳定位系统变得紊乱。鲸是群居性动物，它们从不舍弃处在困难中的同伴，当最先冲上海滩的鲸发现自己遇难时，就向其他鲸发出求救信号，众鲸立即前去营救，结果导致集体遇难。有的人则认为，鲸搁浅死亡，是由于其耳朵内生有许多寄生虫。这些寄生虫破坏了耳内的感觉身体位置和上下、左右、前后运动方向的平衡器官，使鲸的声纳定位系统受到破坏，从而导致鲸的集体自杀。另一些人则认为，鲸冲上海滩后，会发出一种死亡腺外激素，这种信息被其他鲸接受后，会触发同伴们的死亡腺外激素的迅速分泌使鲸的同伴大批死亡。还有人认为，鲸的集体自杀跟太阳异常活动有关。当太阳出现黑子、日珥、耀斑的时候，射向地球的光辐射和高能带粒子流剧增，地球上磁场的强度和方向往往发生急剧的不规则变化，电离层也出现扰动现象，使鲸的声纳系统受到干扰而失灵，导致鲸的集体自杀。当人们对鲸集体自杀的原因众说纷纭时，30 年后再次发生了动物自杀事件。

鲸集体在海滩自杀

1976 年 10 月，在美国科得角湾沿岸辽阔的海滩上，突然出现成千上万的

乌贼。它们争先恐后涌上岸来，进行集体自杀，不到一个月，在大西洋沿岸的美国卡罗来那州的哈特勒斯角，加拿大的拉布拉多半岛和纽芬兰岛，也先后发生了数以万计的乌贼登陆集体自杀的事件。这么多的乌贼为什么要集体登陆自杀？说法不一。有人认为，乌贼自杀可能是海洋受到污染。但这种推想受到不少人反对。反对者认为，近年虽然海洋遭到一些污染，但范围不大，不会影响乌贼生活的海域。而且，对自杀的乌贼解剖，在其体内也没发现有毒物质的积累。有人怀疑乌贼感染了传染病，由于不堪忍受病魔的缠扰而集体自杀。科学家对自杀乌贼进行了解剖，没有发现病变症状。有人把“自杀未遂”的乌贼放在盛有海水的玻璃缸里饲养，结果，这些乌贼仍健康地生活着。还有人认为，乌贼集体自杀也许跟海洋中听不到的次声波有关，认为次声波是杀害乌贼的根由。可是，也有人对这个假说表示怀疑：海洋中次声波通过什么对乌贼进行危害？那么辽阔的大西洋，次声波怎么能持续两个多月呢？总之，对乌贼集体自杀的原因，人们还没有真正搞清楚，仍有待进一步的研究。

探秘植物世界

距今二十五亿年前（元古代），地球史上最早出现植物界菌类和藻类，其后藻类一度非常繁盛。直到四亿三千八百万年前（志留纪），绿藻摆脱了水域环境的束缚，首次登陆大地，进化为蕨类植物，为大地首次添上绿装。三亿六千万年前（石炭纪），蕨类植物绝种，代之而起的是石松类、楔叶类、真蕨类和种子蕨类，形成沼泽森林。在距今一亿四千万年前白垩纪开始的时候，更新、更进步的被子植物就已经从某些裸子植物当中分化出来。进入新生代以后，由于地球环境变化因素，裸子植物也因适应性的局限而开始走上了下坡路。这时，被子植物在遗传、发育的许多过程中以及茎叶等结构上的进步性，使它们能够通过本身的遗传变异去适应环境条件，取得了更快的发展，分化出更多类型，到现代已经有了90多个目、200多个科。正是被子植物的花开花落，才把四季分明的新生代地球装点得分外美丽。

神奇的植物

◎ 植物的自卫本领

有人会想，植物不会走动，面对病菌、害虫和一些动物的进攻，不就坐以待毙了吗？其实不然，许多植物都有着高超的自卫本领。有些植物披针带刺，使动物和人不敢随意触动它们，如玫瑰、月季、洋槐、皂荚树、仙人掌等；有些植物善于伪装，使动物和人难于发现它们，如石头花、龟甲草等；有的植物会“招兵买马”，用自己产出的食品“雇佣”一些蚂蚁来保卫它们，如樱树、蚁栖树等；有的植物会分泌大量黏液，使大部分昆虫望而却步，即使有害虫冲上来，也会被黏液粘住，不得脱身而死，这类植物有稀莶草、捕虫瞿麦等。最厉害的是一些巧用“化学武器”的植物了。如漆树含有毒性的漆酚，夹竹桃含有大量的强心苷类物质，金合欢含有毒性很强的氰化物，箭毒木的乳汁含有致命的强心苷，毒芹会产生剧毒的毒芹碱……这些物质都能使来犯之敌轻则昏迷，重则死亡。更有狡诈者，如野生马铃薯受到蚜虫入侵时，会分泌出一种具有挥发性的物质 E—法尼烯，它正是蚜虫的报警信息素的主要成分，使蚜虫误以为危险降临而逃之夭夭。除虫菊是天生的“灭虫大王”，它体内的除虫菊素能杀死多种昆虫，而对人畜无害，可用来制作蚊香。植物的自卫本领还有很多，这里就不一一列举了。

皂荚树

◎ 植物的竞争

植物王国中，有许多自私好斗的成员，有的只为自己着想，千方百计维护好自己的地盘；有的野心勃勃，想方设法侵占别人的领地。例如核桃树就喜欢独占地盘，如果附近有栽种的苹果树，核桃树就会放出有毒的物质，使苹果树中毒身亡。在美国的西南部平原上，有一种山艾树，十分专横，它会分泌出一种致其他植物于死地的化学物质，在它的领地内，任何植物都不能生长。劳动人民在农业实践中，更加注意植物中的“冤家对头”，常避免将芹菜与菜豆、油菜与豌豆、玉米与荞麦、番茄与芫菁等栽在一起，以防止相互抑制而影响产量和质量。此外有些植物不会满足已经占有的土地，会积极向外扩张。例如身材高大的欧洲云杉与身体稍矮的西伯利亚云杉的争斗已持续了几千年之久，欧洲云杉不断地发起一轮轮的进攻战，将西伯利亚云杉的家园侵占，迫使它们向寒冷的乌拉尔山脉撤退。有时，人类不小心还会帮了外来入侵植物的忙。例如美国的佛罗里达州，在 19 世纪 80 年代，从南美引进了鳄草，它们疯狂地生长，占领了全州的水域，使当地土生土长的水中植物全部灭绝。科学家们经过研究，已经发现了其中的一些机理，但更多的疑问还等待着我们去解答。

欧洲云杉

◎植物的互助

植物王国中，有许多植物能和睦相处，互相帮助。例如大豆和玉米便是友好的邻居，大豆根部长有根瘤，其中的根瘤菌能固定大量的氮，它能慷慨无私地为玉米提供氮肥资源，共同生长。地衣植物是由单细胞藻类和真菌友好共生的典范，单细胞藻类可以进行光合作用制造有机物，供真菌利用，而真菌的菌丝又可以吸收盐分和水分供藻类享用，它们彼此照应，互利共生。蕨类植物中的满江红与鱼腥藻也是一对好朋友，鱼腥藻有特殊的固氮本领，

给满江红提供氮源，而满江红则用自己制造的糖类去招待藻类，提供藻类需要的碳源，它们相依为命，合作得很好。檫树和杉树也是一对亲密的伙伴，檫树长有高大的树冠，为附近生长的杉树遮挡强烈的日光，而且檫树在冬季落叶，给大地盖上了一层厚“棉被”，保证了地温不致过低，又使得杉树在冬天里能享有充足的光照。檫树就像一位无微不至的“大兄弟”，默默地关心杉树的成长。

◎ 植物发光的奥秘

在秘鲁的欧冬利维森林中，有一种能发光的花。科学家们经过研究发现，它的花瓣上有一种会发光的微细胞，内含两种色素，能够发生化学反应产生光亮，非常神奇。无独有偶，在非洲中部也有一种会发光的花。不同的是，这种花的花蕊和花瓣中含有大量的磷，它在夜晚开放时，花中的磷与氧气接触，便会发出一闪一闪的亮光，格外迷人。在植物王国中，还有一些会发光的树。在非洲生长着一种奇特的树，在白天看上去与别的树没什么区别，可是到了晚上，它全身会发出明亮的光，人们可以在树下看书，或做针线活，一点都不觉得暗。原来，这种树含有大量的磷，遇氧便会燃烧，发出荧光。我国的贵州省也长有一种珍奇的发光树。它十分粗大，枝繁叶茂，每到夜晚，叶缘便会发出半月形的闪闪荧光，好似一弯明月，当地人都称它为月亮树。这种树是第四纪冰川之后的幸存品种，因此珍贵无比。

◎ 植物睡觉的奥秘

人和动物都要睡眠，以消除疲劳，恢复体力。有趣的是，有些植物也会“睡觉”，而且分为晚间“睡眠”和午间“睡眠”两种类型。植物学家认为，晚间“睡觉”的植物有利于生长，例如花生、合欢、含羞草等植物的叶子在夜间下垂或闭合，可以减少蒸腾作用，保证热量不致散失；而睡莲、郁金香等植物在夜晚将花瓣关闭，可以避免娇嫩的花朵被冻伤。因此，晚间“睡觉”的植物生长速度较快，生存竞争性更强。植物不仅会在夜晚“睡觉”，有的植物还有“午睡”现象，如小麦、水稻、大豆等。科学家们认为，引起植物“午睡”的最重要原因是高温。夏天的中午，天气酷热，温度极高，湿度极低，植物不得不加快加大蒸腾作用，渐渐地根部吸收的水分便显得不够用了。为了减少水分的散失，植物不得不逐渐关闭气孔，二氧化碳被拒之门外，光合作用严重受阻，植物就会出现“午睡”现象。当然，植物的“午睡”还与其他一些因素有关。但不管怎样，光合作用降低的农作物，它们的产量也会降低，因此，科学家们正想方设法克服植物的“午睡”现象。

含羞草

知识小链接

植物的另类繁殖

自古以来，农业上习惯以天然种子播种来获得更多的收获。可是在自然界中，还有许多不用种子也能繁殖后代的植物。例如草莓可以用匍匐茎来繁殖，秋海棠可以用叶来繁殖，大蒜可以用鳞茎来繁殖，马铃薯可以用块茎来繁殖，竹子可以用根茎来繁殖，可谓五花八门，无奇不有。人们常根据不同植物的特性，采用不同的繁殖方法。例如葡萄、油茶、杨树、柳树等植物，可以截取它们营养器官的一段，如根、枝、叶等，上面生有不定根和不定芽，插在土中进行繁殖；丁香、草莓、刺槐等植物在根茎和枝条上直接就能产生新的植株，可以人工分离，分别栽植；而桑树、石榴等植物，可以用土将它们的枝条埋住，只留下枝条的顶端，待生根后再分离开，单独种植。人们还经常使用嫁接的方法，即将一棵植物的枝条接种在另一棵有根植物上。例如将一棵苹果树的茎（或枝）切断，在切口上安放一株梨树的枝条，仔细包扎好，精心培育，几年后便会在苹果树上长出梨来。随着科学技术的进步，更高级的植物繁殖方式已经产生，例如用花粉培育植株，用植物的体细胞培育植株等。这些繁殖方式都令人耳目一新。

◎会“说话”的植物

在人们的眼里，植物总是默默无闻地生活着。随着对植物王国认识的加深，人们发现植物也会“讲话”。在20世纪70年代，一位澳大利亚的科学家惊奇地发现，当植物遭受严重干旱时，会发出“咔嗒咔嗒”的声音，通过仪器测量发现，响声是由输水管震动引起的，他认为这是植物发出的想喝水的“语言”。自然界中还有一些植物不用仪器就能听到它们的“话语”。例如肯尼亚有一棵杉树，当被伐倒时，竟不时地发出一种神秘的声音，好像在向人们表示抗议。在我国海南岛的热带雨林中，有一种叫大花五丫果树的植物，当有人在树干上砍一刀时，再把耳朵贴近伤口处，便会听见“叽喳叽喳”的声音，仿佛在说“痛”。美国科学家采用先进的仪器发现各种植物都有独特的声音。例如豆科植物中，有的发出的声音像在哭泣，有的却像在吹口哨，十分有趣。而番茄发出的声音在所有植物中是最美妙的。有些学者通过研究还发现，一些植物在黑暗中突然受到强光照射时，能发出类似惊讶的声音；当植物遇到刮风或缺水等恶劣条件时，便会发出低沉、可怕和杂乱的声音；而一些原来叫声难听的植物，在浇过水或受到适宜的阳光照射后，声音竟会变得婉转动听。现在，科学家们正在努力研究植物的“语言”，争取早日破译它们。

◎传说中的食人植物

多年来，有关植物吃人的报道一直没有间断过，常常使人们迷惑不解。据说在印度尼西亚的爪哇岛上，生长着一种奠柏树。它长有许多柔韧的枝条，长长地拖在地上，要是人们不小心触碰其中的一根枝条，整棵大树的枝条就会都伸过去，将人紧紧缠住，并且快速分泌出一种粘胶，将人牢牢粘住，慢慢地消化掉。这种胶液是一种名贵的药材，人们常常要冒险去采集。当地人常用一筐活鱼将树喂饱，树吃饱后便懒得动了，这时，采胶工作就安全了。还有人说，在非洲的中南部有一种长满地状枝芽的树，这些枝芽平时伏在地上，如有人触碰，枝芽就会迅速跃起，将人裹住，并迅速刺入人体，直至吸光人的血液。曾有一位德国的探险家叙述了在非洲马达加斯加岛上的经历，说亲眼看见被当地人奉为树神的吃人树吃人的经过。这一说法很快传遍了全球，于是一批南美科学家为此专程去那里实地考察，但只发现了一些食虫植物。因此，他们认为所谓的吃人植物，可能是人们根据食虫植物杜撰出来的。然而，在人类踏遍地球上每个角落之前，断然肯定或否定这些传说都不是科学的态度。

知识小链接

植物与地震

地震的发生常常出人意料，造成的后果又相当严重。千百年来，人们不断地寻找可以预测地震的方法，力求及早采取措施，把地震造成的损失降低到最小程度。科学家们发现，地震发生前的异兆能引起植物异常的生长发育和开花结果，因而可以作为预测地震的“报警植物”。例如在1970年初冬，宁夏隆德县的蒲公英提前开花，一个月后，60多千米外的西吉就发生了5.1级的地震；1972年，上海郊区的山芋藤突然开花，不久，长江口地区发生了4.2级的地震；1976年，唐山地区的竹子开花，柳树枝梢枯死，不久之后，发生了损失惨重的唐山大地震。日本科学家对这些异常现象进行了深入的研究，用高灵敏的记录仪对合欢树进行生物电位测定，并认真分析了几年来的记录，发现这种植物能感知火山活动和地震前兆的刺激，从而出现明显的电位和电流变化。1978年6月10日和11日，合欢树出现异常大的电流，12日异常电流更大，当天下午5时左右，日本的官城县海域便发生了7.4级地震，余震持续了10余天，之后电流也随之趋小。科学家认为合欢树的根系能够捕捉到地震前伴随而来的地温、大地电位、磁场等因素的变化，从而导致植物体内的电位也发生相应变化。因此，植物的反常现象对预测地震有重要的参考价值。

◎ 洗衣树

所谓的洗衣树，就是皂荚树。皂荚，又名皂角树，落叶乔木或小乔木，高可达30米；枝灰色至深褐色；刺粗壮，圆柱形，皂荚——原植物常分枝，多呈圆锥状，长达16厘米。叶为一回羽状复叶，长10~18（26）厘米；小叶（2）3~9对，纸质，卵状披针形至长圆形，长2~8.5（12.5）厘米，宽

1～4（6）厘米，前端急尖或渐尖，顶端圆钝，具小尖头，基部圆形或楔形，有时稍歪斜，边缘具细锯齿，上面被短柔毛，下面中脉上稍被柔毛；网脉明显，它是我国特有的苏木科皂荚属树种之一，生长旺盛，雌雄异株，雌树结荚（皂角）能力强。皂荚果是医药食品、保健品、化妆品及洗涤用品的天然原料。

荚果汁为什么能洗衣服呢？经过分析，原来皂荚的荚皮中含有10%的皂角苷，因它的作用像肥皂，又叫做皂素，能形成胶体溶液并可起泡，能像肥皂一样产生许多泡沫，吸附衣服上的脏东西，供人们洗涤用。

◎能治疟疾的树

疟疾，又称为“打摆子”，是由蚊子传播的一种急性传染病，人们一旦感染了这种疾病，就会突然发冷、打寒战，之后又发高烧、说胡话、神志不清，若不及时治疗，就会有生命危险。在从前，我国南方特别是气候潮湿的地区很多人得这种病，那时候，人们对这种病毫无办法，往往坐以待毙。

金鸡纳树

说来也巧，在南美洲的印第安人中，也流行着这种病，不过，早在400年前，他们就知道有一个秘方可以治这种病，但这个秘方是绝不向外人透露的。据说1638年，西班牙的一位伯爵带着妻子来到了南美洲的秘鲁，不久，伯爵夫人染上了疟疾，医生们束手无策。伯爵暗中打听到当地一种叫金鸡纳树的树皮可以治疗这种病，于是他剥了这种树的树皮，拿回去煮汤给妻子服用，几次以后，夫人的病就好了。这个消息一传十、十传百，很快传到了欧洲。欧洲人闻此十分震惊，于是千方百计地想把金鸡纳树弄到手。几经周折以后，他们终于如愿以偿，荷兰殖民主义者因此大发了一笔横财。

金鸡纳树是一种常绿小灌木，高3米以上。远望金鸡纳林，红一层绿一层，互相交迭，红的是嫩叶，绿的是老叶；夏季开白色小花，种子很小。金鸡纳树皮为什么能治疗疟疾呢？研究发现，它的树皮里主要含有一种叫奎宁的生物碱。奎宁在人体内能消灭多种疟原虫的裂殖体，因而是治疗疟疾的特效药；除此以外，金鸡纳的树皮还具有镇痛、解热和局部麻醉的功效。金鸡纳是热带树种，目前在我国台湾、广东、海南及云南等地已有栽培。

◎“指南树”与“指北树”

在东南亚生有一种神奇的树，叫印度扁桃树，它的树枝与树干垂直生长，一半指向北方，另一半指向南方，是天生的“指南针”。在非洲马达加斯加岛上也有一种会指示方向的树，它有一个倔脾气，就是不管长在什么地方，身上细小的针叶都会指向南方，所以人们称其为指南树。它给进山的人们带来了方便，只要看一看它的叶子便会知道该往哪里走，从不担心迷路。在我国也有一些会指示方向的树。在福建省的清水岩，有一棵高大粗壮的香樟树，令人奇怪的是，它所有的枝叶都指向北方，仿佛有一种神秘的力量在吸引它。而湖北省宜城县也有一棵会指北的树，在高大笔直的树干上，所有的枝叶都朝向北方生长，即使长在南面的枝叶，也会弯曲向北，好像天生就喜欢北面似的。有关树为什么会指示方向，至今尚无明确的解释。

“指南树”

◎笑　树

在非洲卢旺达首都基加利的植物园中，生长着一种奇怪的树。它能像人一样发出“哈哈”的“笑声”，当地人叫它“笑树”。笑树是一种七八米高的乔木，树干深褐色，叶子呈椭圆形。引人注意的是，它的每个枝杈上都长着

一个像铃铛一样的坚果。它的果壳又薄又脆，长满了小孔，果内生有许多小滚珠似的皮蕊，能在里面自由滚动。每当风吹过，皮蕊就会在果壳内不停地滚动，撞击着果壳，发出开心的“哈哈”笑声。我国云南也有一种会笑的树，叫槲树，每当人们在它的树干上抓来抓去时，它便会发出阵阵的“哈哈”笑声；树枝也会“笑”得摆来摆去，通红的果实也纷纷裂开，露出雪白的果核，仿佛是乐开了嘴。如果停止抓树，“笑”声便消失了，树枝也不摇了，裂开的果实也慢慢地关闭起来。这两种笑树都非常有趣，每年都吸引着大批的游客前来观赏。

◎植物中的“酿酒师”

南非有一种叫玛努拉的高大乔木，它在雨季后开花结果，果实有些像李子，甘甜多汁。这种果实是大象的“佳肴”，但如果大象贪吃了过多这样的果实，甘甜的果汁在胃中酵母菌的帮助下，便会酿出酒来，把大象醉得晕头转向。在日本的新潟县，有一株罕见的“酒树”，白色的树汁里含有大量的糖分，当氧气不足时便会发生奇妙的转化，变成酒精，芳香醇厚，味道可口。在非洲的恰希河流域，生长着一种休洛树。它常年分泌出芳香味美、含有酒精的液体。当地人在树上挖个小洞，美酒就会不停地流下来，举杯痛饮，别有一番滋味。人们都亲切地称它为植物中的“酿酒师”。更奇妙的是，有一种竹子也会造酒。这是一种小青竹，生长在坦桑尼亚的大森林中。小青竹酿出的酒含酒精30度左右，而且口味纯正，清香怡人，是当地人珍爱的一种竹酒。而且取酒的方式也极其简单，只需将竹尖削去，放好酒瓶，第二天早上，便会有一瓶色白味美的竹酒出现在人们眼前。

大　象

◎植物中的“演奏大师”

在非洲有一种会奏乐的树，叫做捷达奈。据说，瑞典的音乐家托马斯曾经有幸听过这种树演奏的“乐曲”，很受启发，创作出了《森林醉歌曲》，博得人们的一致好评。捷达奈怎么会演奏“乐曲”呢？原来，它是一种落叶乔木，高大粗壮。它的果实非常有特色，形状呈菱形，果壳薄而硬，前端有一个天然的小气孔，果内无肉，只有几颗坚硬的果核。果实硬茧老熟后，当风一吹过，果核就会不断撞击果壳，发出各种动听的声音；加上树多，果实也多，发出的音响交织在一起，就组成了美妙的“乐章”。同样有趣的是，在南美洲生长着一种笛树。它的叶片呈喇叭状，末端有一个小孔，叶片的大小不一样，孔径的大小也不同。微风吹过，它会发出低调的“笛声”；当大风疾吹时，它会发出像许多笛子合奏的激昂“曲调”；而风雨交加时，它又会发出咚咚的鼓声。人们经过观察，发现了其中的奥秘。原来，当风吹过叶上大小不同的小孔时，便会发出音调不一的响声，而且会随着风力的大小而变化。

◎流血树

在我国西双版纳的热带雨林中，生长着一种奇怪的树，当它受伤之后，会流出一种紫红色的液体，就像出血一样，人们根据这个特点，把它叫做龙血树。龙血树最初发现于非洲，属于百合科，是一种常绿乔木。它有10多米高，树皮很厚，枝丫很多。墨绿色的叶片呈长带状，革质，像一把把锋利的宝剑集中于枝顶。龙血树是树木中著名的老寿星，最老的一株龙血树的寿命已超过6 000岁，令巨杉和猴面包树也甘拜下风。那么，它流下的紫红色液体是一种什么东西呢？原来，这种“血”是龙血树渗出的树脂，具有特殊的香味，人们称其为“血竭”。现代研

流出紫红色液体的龙血树

究表明，血竭中含有鞣质、还原性糖和树脂类等物质。它是一味名贵的中药，有利于止血和治疗跌打损伤。在古代，人们曾拿它包裹尸体，起到防腐的作用。此外，这种树脂还可作为油漆原料。虽然血竭的作用广泛，但我们不能盲目开采，应保护好龙血树的资源。

藻类植物和菌类植物

◎海中的“巨蛇”——巨藻

巨　藻

在早期的航海历险中，许多水手声称见到了差不多有500米长的巨蛇。后来，经过调查，那根本不是什么巨蛇，而是一种巨大的海藻——巨藻。巨藻在植物学上属于褐藻门的低等植物，但它却是海洋中生长最快的植物。春、夏季节，水温适宜，巨藻每天可长高2~3米。它也是海洋中身体最长的植物，一般长度为100米，有的可达300~400米，最长的有500米以上。巨藻没有真正的根、茎、叶，只借助于基部的假根固着在海底。假根向上便是长长的“茎”了，它的茎起初是向上浮，然后就在水面上拐来拐去，顺着海流的方向浮动。可以想象，当我们从船上看去，怎能不怀疑见到的是一条巨大的海蛇呢？巨藻的经济价值颇高，据科学家介绍，从巨藻中提纯的纯钾，可占其重量的1%。巨藻含有丰富的维生素和氨基酸，营养丰富。它还是珍贵的工业原料，可用于造纸、纺织、金属加工等工业。美国的科学家对巨藻进行分解发酵，从中获得了大量的沼气，成为一种价廉物美的新型绿色能源。巨藻还是天然的海岸防波堤，再汹涌的海浪也无法将其摧毁。可以说，巨藻是大自然赋予人类的宝贵财富。

◎红海束毛藻

人们的意识中，大海应该是蓝色的。可是，在亚洲和非洲之间的海水却是红色的，这就是著名的“红海”。那么，是什么把海水染红了呢？原来，这是红海束毛藻捣的鬼。它是蓝藻家族中的一名成员，个头很小。它的身体是由许多藻丝聚集而成的束状藻团，体内含有较多的红色素。当它们大量繁殖时，就把那碧蓝的海水染成了红色，形成了所谓的赤潮，红海就是这样形成的。在我国的南海和东海也经常有赤潮出现，严重时海水也被染成淡红色，常给在海水中生活的动植物带来灭顶之灾。原来，漂浮在海上的红海束毛藻经过大量繁殖后，接着就会大量死亡，死亡的藻体会分解出硫化氢等毒气，将水中的动植物毒死。所以，赤潮的出现，是大自然向人类发出的警告。近年来，由于陆地上水土流失严重，大量的有机质被冲入大海，为红海束毛藻的繁殖创造了有利的条件，造成赤潮的频频发生。因此，我们应该保护好环境，不能再让海水变红了。

赤潮现象

知识小链接

蓝　藻

蓝藻是原核生物，又叫蓝绿藻、蓝细菌；大多数蓝藻的细胞壁外面有胶质衣，因此又叫黏藻。在所有藻类生物中，蓝藻是最简单、最原始的一种。蓝藻是单细胞生物，没有细胞核，但细胞中央含有核物质，通常呈颗粒状或网状，染色质和色素均匀地分布在细胞质中。该核物质没有核膜和核仁，但具有核的功能，故称其为原核（或拟核）。在蓝藻中还有一种环状 DNA——质粒，在基因工程中担当了运载体的作用。

◎ 藻类珍品——发菜

发菜是非常珍贵的食品，只出现在豪华的宴席中。它味美可口，被视为补品，很多人喜欢吃它。现代研究表明，发菜的蛋白质含量比鸡蛋和肉类还高，此外还含有丰富的维生素和矿物质。发菜除供食用之外，还有助消化、清肠胃、降血压等多种功能，可用于治疗高血压、妇女病等多种疾病。发菜的用途如此之多，难怪人们视它为珍品呢。发菜是一种野生的陆生藻类植物。它看上去像一团乱发，一根根又细又长，相互缠绕在一起，所以常被称为发藻，并因它可食，故名发菜。在显微镜下观察，可以看出那些长发是由许多圆圆的细胞一个连一个组成的，外面包着胶质鞘，形成胶质的块状或球状物。发菜在潮湿时呈橄榄色，当它干燥时却变成了黑色。发菜在我国主要分布于内蒙古、宁夏、新疆、青海等地，其中以内蒙古为主产区。发菜有固氮作用，能增进草原土壤肥力，促进牧草生长，还对流沙有固定作用。在宁夏等主产区，因人们的无节制乱采挖，造成了严重的环境破坏，因此我们要保护它，适当采收。

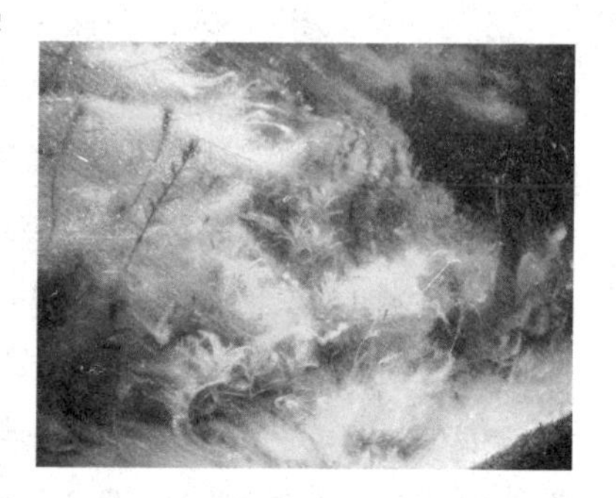

发　菜

◎ 天然催泪弹——马勃

马　勃

在南美洲的热带丛林中，散布着一些天然生长的“地雷”。如果你一不小心踏在它的上面，便犹如地雷爆炸一样，黑烟四起，让你涕泪直流，喷嚏不止。这些丛林中的地雷便是马勃——一种真菌，又被人称为“天然催泪弹”。南美洲的马勃个头很大，圆圆的，扁扁的，像一个大南瓜躺在地上。当地的印第安居民曾经利用马勃爆炸后腾起的黑烟使侵略者狼狈不堪，然后乘机消灭他们。那么，这些黑色的烟雾是什么东西呢？原来它是用于繁殖的孢子粉，一经踩破，便喷发出来。由于它对人的眼睛、鼻子和喉咙有刺激作用，常使人们不堪忍受，而远远躲开它。我国的热带和温带地区也有马勃生长，只不过个头偏小；东北密林中的马勃只有乒乓球大小。初生的马勃肉质白色，鲜嫩可口，可以当菜吃。成熟的马勃可作为药物，用于止血、消炎，据说还有一定的抗癌作用。

苔藓和蕨类植物

◎走遍世界的“旅行家”——葫芦藓

葫芦藓是一种十分矮小的苔藓植物，只有1~3厘米高。它的茎很短，长舌状的小叶密集簇生在茎顶，呈现鲜绿色，干燥时小叶皱缩，湿润时小叶挺立。每到春天，葫芦藓的小枝顶部就会长出一根长丝，顶端挂着一个“小葫芦”，植物学家叫它孢蒴；孢蒴上面还有一个盖子，叫蒴盖。孢蒴中装满了孢子，孢子成熟后，蒴盖便会打开，孢子便会散发出去，落在土壤上长成新的小葫芦藓。别看葫芦藓长得小，生命力却很强，遍布全世界。在平原、山岗、花园、水沟旁都有它们的身影，甚至在花盆中，有时也会长出绿油油的葫芦藓。葫芦藓还有一个特性，就是特别喜欢在火烧过的土壤上生长，因为那里有它需要的氮肥和丰富的有机质。它们还很团结，常常群聚在一起生长，很容易被人发现。

葫芦藓

◎蕨中“活化石”——树蕨

树蕨又名桫椤，是蕨类植物中最高大的成员。大约在2~3亿年前，地球

上的陆生蕨类植物发展得十分迅速。在这期间，出现了许多躯体巨大的蕨类植物，例如封印木、鳞木、芦木、树蕨，它们丛生成林。可是到了中生代末期，由于气候变得十分干燥，它们中的大部分都灭绝了。桫椤主要生长在热带和亚热带地区，一般高1~6米，我国福建、广东、台湾、贵州、四川、云南等省均有分布。体型最高大的树蕨只有生长在今天的南太平洋诺福克岛的热带森林里，它们高达20~25米。

树蕨顶部长有一片片巨大的绿色羽叶

树蕨茎干粗壮，笔直向上无分支，坚实的纤维质树干中没有实心木质。树干顶部长有一片片巨大的绿色羽叶，分两行或数行排列，仿佛一顶撑开的绿色巨伞。叶子的背面分布着许许多多的黄点，那是树蕨用来繁殖后代的孢子，在每个孢子中孕育着小树蕨的生命。每棵树蕨能产生几十亿、几万亿个孢子。成熟以后的孢子被风吹散，遇到合适的环境就可长成小树蕨。树蕨叶片长达1~3米。树蕨造型优美，姿态别致，现在已成为珍贵的园林观赏树木。

◎ 满江红

满江红

满江红又叫绿萍或红萍，是漂浮在水面生长的一年生小型蕨类植物。它的茎很细，有许多羽状分支，每个分支有5~6片卵形小叶。它的叶片如芝麻大小，通常分裂成上下两片，在春天和夏天呈现绿色，到了秋天则变成红色。满江红的茎下长有许多须根，纤细柔软，垂悬水中。在它的叶片中有一卵形的空腔，里面生长着一种叫做鱼腥藻的蓝藻。鱼腥藻有特殊的固氮本领，能固定空气中的游离氮，供满江红作氮源；而满江红则用自己制造的糖类去招待藻类，以作碳源，所以说，它俩是一个相依为命的共生体。满江红长大后，在分支的茎部就会和母体分离开来，长成新的个体，因此，繁殖速度很快，常常覆盖大片的水域。满江红含氮量高，是一种理想的家畜饲料，还可以作为一种绿肥使用。

裸子植物

◎植物中的“活化石”——银杏

银杏是我国特有的珍稀树种。在2亿多年前，它是遍布世界的树种。第四纪初，北半球发生了巨大的冰川运动，欧亚和北美的银杏全部灭绝，亚洲的银杏也濒于绝种。毁于冰川的银杏都变成了化石。我国西南、华中等地区，由于一些地方地形复杂，生长在这里的银杏幸存了下来。因此，银杏有“活化石”之称。银杏是落叶乔木，属于裸子植物，雌雄异株。由于它结出的籽实在成熟后为黄色，其样子酷似杏，加之最外面又有一层白粉，所以人们称之为银杏。银杏树的叶子好像一把把小巧玲珑、青翠莹洁的小折扇，螺旋排列在长枝上。如果将银杏叶柄与叶片成直角折起，其形状酷似鸭脚，所以人们也称之为鸭脚树，又因其生长缓慢，爷爷种树孙子采果，而得名“公孙树”。银杏树具有很高的经济价值，它可以用来治疗心血管病、防治害虫、美化城市等。

银　杏

◎ 植物中的国宝——水杉

水 杉

1943 年以前，科学家只有在中生代白垩纪的地层中发现过水杉的化石，自从在我国发现仍生存的水杉以后，引起世界的震动。水杉高大挺拔，树形优美，笔直的树干四周围绕着粗粗细细的枝条，在每根最小的枝条两旁，都排列着两行整齐的小绿叶，它们与小枝条长在一起，看上去仿佛像一张叶片，也像一片柔软的绿色羽毛。水杉与其他裸子植物不同，到了冬天，它的叶片连同小枝全部脱落，第二年春天再重新萌发。水杉的适应力很强，生长迅速，是荒山造林的良好树种。水杉经济价值极高，其树心材质紫红，材质细密轻软，是造船、建筑、架设桥梁、制造农具和家具的良材，同时又是质地优良的造纸原料。世界各国很多著名的植物园都从我国引种了水杉。目前在地球上，如位于美国北方的阿拉斯加，和位于赤道的印度尼西亚都有它的踪迹。作为我国遗存的古代植物之一，水杉正焕发着绚丽的青春。

◎ 长寿树——柏木

柏木是一种高大的常绿乔木，属裸子植物。它树干笔直，幼树的树皮呈红色，老树的树皮变成了灰色，小枝细长扁平，排成一平面。整株植物便像一座绿色的宝塔，十分秀丽。柏木的叶长得很别致，就像许多细小的绿色鱼鳞，一片一片连接起来，也很像房屋上一块盖着一块的瓦片。它的雌花和雄花同长在一棵植株上，球形的小花单生于小枝的顶端。花开过后，结出球形的小果，要在第二年的夏天才能成熟，真是一个“慢性子”。不但如此，它的生长也十分缓慢，长了许多年后仍旧很矮。我国有许多高大的古

柏 木

柏，它们都有上千年的历史，所以柏木也是一种长寿树。柏木还有许多兄弟姐妹，它们形态各异，有的枝条是圆形的，有的枝条是方形的，有的小叶像小船，有的小叶像尖刺，都是美丽的树木。柏木的木质优良，是建筑和造船的好材料；种子可榨油；球果、根、枝叶均可药用，果治风寒感冒、胃痛，根治跌打损伤，叶治烫伤。

◎三代果——香榧

香榧是一种常绿乔木，属于红豆杉科。它长得很像杉树，姿态美丽。香榧树的小枝条长得很有趣，有的一对一对长在粗枝两侧，有的几个一圈围在粗枝上。枝条上的叶呈螺旋状生长，又尖又硬，叶的下面有一条狭长气孔带。香榧树分为雄树和雌树，雄树只管开花，不结子，雌花既开花又结子。种子呈椭圆形，假种皮为淡紫红色。香榧的种子要历经3年才能成熟，因此，一棵树上结着3种不同大小的种子，第一年的种子有米粒大小，第二年的种子有黄豆大小，第三年的种子有橄榄大小，真可谓三代同堂，难怪有人称它为“三代果”。香榧主要分布于我国江苏、浙江、福建、湖南等省。它的种子炒熟可食，香脆可口，还能驱肠道寄生虫；叶和假种皮可提炼香榧油，可做化工原料；树干材质优良，是造船修桥的好材料。

香榧有橄榄大小的种子

◎长白美人——长白松

在我国东北的长白山上，生有许多珍稀的树木，长白松便是其中著名的骄子。长白松身材高大挺拔，下部枝条很早就已脱落，侧生枝条一轮一轮地集生在主干的顶部，向四周伸展；整个树冠绮丽、开阔，犹如一座圆塔。长白松树干下部呈棕黄色，上部呈金黄色，浑身布满鱼鳞状的斑纹，鲜艳夺目，格外美丽。有趣的是，长白松长到一定高度时，优美的树冠便会向一侧弯曲，有如羞涩的少女，等待远方的来客，难怪当地人给它起了一个动人的名字——美人松。长白松不但姿容秀丽，而且寿命较长，通常都有几百岁的历史。它质地轻软，纹理顺直，抗酸碱，耐腐蚀，是造桥、制作家具的优良木材。长白松适应性强，在贫瘠的火山灰上也能很好地生长，而且耐寒耐高温，是不可多得的珍贵树种。

长白松

◎“白衣剑客”——白皮松

白皮松

白皮松是我国特产的一种松树。它一般有 20 多米高，体形古雅而奇特。我们常见的松树的树皮都是灰褐色的，而白皮松与众不同，它的树皮是粉白色的，仿佛一片一片地粘在树干上，既像虎皮，又像蛇皮，所以人们也叫它为虎皮松或蛇皮松。这些树皮极易脱落，露出淡白色的树干，所以还有人称其为白骨松。白皮松的针叶也很特别，其他松树的针叶是 2 根或 5 根长在一起，而它却是 3 根针叶长在一起，这在松树族中是独一无二的。以前只有中国才有白皮松，18 世纪中叶被英国人引种到伦敦。因为它身穿白色“外衣”，树姿典雅而奇特，所以人们都很喜欢它，常把它栽种在古寺、公园、庙宇里，成为一景。白皮松除了可以观赏外，其木材质地坚硬，是制作家具的好材料。它的种子可以食用，味美甘香，还可以榨油呢。

◎空气清洁员——罗汉松

罗汉松虽然称为“松”，却与常说的松树不是一家子。平时我们说的松树属于松科，而植物学家却把罗汉松划进了罗汉松科，这是有原因的。罗汉松是高大的常绿乔木，分布在我国的江南各省。它一般有十几米高，树皮呈灰白色，叶条线状，长达十几厘米，5 月开花，雌雄异株。罗汉松最有趣的地方是它那未成熟的种子，绿油油的，就像一颗颗光溜溜的人头；下面是一个红色的种托，非常大。整个果实看上去就像一尊尊身着红色袈裟的罗汉，所以人们叫它为罗汉松。果实成熟后，种子的种托都变为紫色。罗汉松树形优美典雅，是装饰庭院的理想树种。它的木材致密，富含油脂，防腐防虫，是制造各种器具的优良材料。此外，罗汉松还有神奇的本领，它会吸收空气中有毒的气体，而且这种本领比所有的柏树、松树和杉树都强，是名副其实的“空气清洁员”。

罗汉松

◎风景树中的皇后——雪松

雪松在北京也叫香柏，属于松科，是世界五大庭园树木之一。它能活 2 000 ~ 3 000 岁，因此也是一种长寿树。雪松高可达 60 米，主干下部有许多大树枝向四周扩展，整个树冠形状像一座大宝塔，壮观雄伟。雪松的球果很大，有 10 厘米长，而它的种子却又小又轻，两者相差悬殊。种子上长着很大

垂枝雪松

的种翅，能够散布到较远的地方。雪松的品种很多，有大枝下垂的垂枝雪松；有叶短、粗厚的厚叶雪松；有叶呈金黄色的金叶雪松；有叶呈银灰色的银叶雪松等。在寒冷的冬天，厚厚的白雪压在雪松上，与翠绿的松叶和挺拔的树干交相辉映，构成了一幅壮观的青松白雪图，难怪人们赞誉它是“风景树中的皇后”。雪松广布世界各地，是人们装点公园、庭院的良好树种。它木材坚实，防湿防腐，具有芳香气息，是造船、建筑、制造家具的上等用材。它的木材还能提取香油，是天然的防虫剂。

被子植物

◎高原上的“鞭炮”——毛子草

毛子草生长在我国西藏、云南、贵州、四川的高海拔地区，印度、尼泊尔等国也有分布。它是紫葳科的一种直立生长的草本植物，常扎根在岩缝之中。它长着许多片大叶子，上面侧生小叶 2～6 对，小叶呈披针形，整个大叶片就像深绿色的羽毛在风中舞动。花序长在茎顶，上面着生有 5～20 朵花；花梗长 1～2 厘米；花

毛子草的粉红小花

色有粉红、鲜红、淡紫和淡黄。每当花朵盛开时，犹如一串串五颜六色的鞭炮挂在山崖上，煞是好看。它的果实呈条形，长 8～20 厘米，种子很小，呈淡褐色，两端生白毛。毛子草不仅外形优美、花色艳丽，而且非常耐寒，能在高寒地区顽强地生长。它还具有很高的药用价值，青藏高原的人们常用它医治体虚、眩晕和贫血等病，效果良好。

◎古怪的植物——巨魔芋

巨魔芋是天南星科的植物。这是一种古怪的植物，在苏门答腊密林中一些潮湿的低洼地里可以发现它的踪迹。未开花的巨魔芋个子并不高，但它的地下块茎的直径有半米，从块茎上抽出一枝粗壮的地上茎。生长到一定时期后，便从茎的顶端抽出一个特大的肉穗花序。花序的下部隐藏在佛焰苞中，苞片内为红色，外为深绿色。在大花序上密布着许多黄色的雄花和雌花，但它的花并不芳香，而是散发出令人恶心的臭味。巨魔芋高达 3 米，比一个人还高。整个花序和下面的茎连起来，看上去极像一座巨型烛台。巨魔芋花序初出时，生长很快，每日可长高十多厘米；半月内长足开花，只开一日就萎谢。由于小花藏在苞内，很多人误认为整个花序为一朵极大的花。

巨魔芋

◎食虫植物——猪笼草和瓶子草

大家知道，动物吃植物，似乎天经地义；可是，大家未必就知道，在自然界中居然有些植物会捕食动物，这就是食虫植物。

猪笼草是最有代表性的食虫植物，此类植物属于猪笼草科猪笼草属，同属

猪笼草的捕虫武器

有70多种，大多数生活在印度洋群岛、马达加斯加、印度尼西亚等热带森林里，我国广东南部及云南等省也有分布。猪笼草是半木质性的蔓生植物，有3米多高。叶子互生，叶片宽大，叶片的尖端延伸出细而长的叶梗，叶梗末端生出一个囊状物，好像小瓶子一样。每个“瓶子”口上都有一个小盖，能开能关。这个“小瓶子”就是它的捕虫武器，由于看上去很像运猪用的笼子，所以人们叫它猪笼草。有趣的是，猪笼草的“瓶盖”平时半开，“瓶口”和“瓶盖”同时分泌又香又甜的蜜汁，一些上当受骗的飞虫兴致勃勃地落在瓶口去吃蜜。由于瓶口很滑，飞虫一不留神就会掉进瓶里，这时“瓶盖”马上自动关闭，飞虫即使全力挣扎，也无济于事了。过一段时间，虫子就被瓶里的消化液分解了。猪笼草的种类很多，捕虫瓶的大小也不一样。据说有一种猪笼草，它的捕虫瓶有30多厘米长，不仅能捕捉昆虫，甚至还能捕食小鸟和小鼠。猪笼草不仅是美丽的观赏植物，而且可以入药，治疗肝炎、胃痛、高血压等病。

瓶子草属于被动捕捉型食虫植物，为多年生草本植物。它主要分布在美洲、亚洲热带地区和澳大利亚等地。全世界的瓶子草约有9种，它们的叶子奇形怪状，有的呈管状，有的呈壶状，有的呈喇叭状，看上去好似各种形状的瓶子，因此人们称它为“瓶子草”。这些瓶状叶内壁光滑，有蜜腺，有倒刺毛，下部还有消化液。瓶子草诱捕虫子的过程与猪笼草类似，只要虫子为蜜所吸引而不慎落入瓶底，就无法再出来；虫被消化液淹死并消化掉，最后营养物质被叶子所吸收。比较著名的瓶子草有北美洲纽芬兰州的

瓶子草

紫红瓶子草，美国加利福尼亚和俄勒冈州的眼镜蛇瓶子草，澳大利亚的澳洲瓶子草。其中，最有意思的是眼镜蛇瓶子草。这种草的瓶状叶上端弯曲，看上去好似蛇头；在接近瓶口处有一个叶片向下延伸部分，很像蛇的长舌。在“长舌”附近有一个小孔，此处还生有蜜腺。当昆虫从小孔钻进去吃蜜时，一不小心就会掉进瓶里，成为瓶子草的一顿美餐。这种草的叶片顶端有一些透明的小亮点，酷似小孔，使钻入瓶中的昆虫无法找到出口。可以说，眼镜蛇瓶子草精心设计了它的陷阱，以捕食到更多的昆虫。

◎会捕虫的水生植物——狸藻

狸藻为一年生的沉水草本植物，多分布于水流缓慢的淡水池沼中。它的根系不发达，茎又细又长。叶轮生，羽状复叶，分裂为无数丝状的裂片，在裂片基部散生着由叶片变成的球状捕虫囊。捕虫囊的构造十分有趣，很像南方渔民捕捉鱼虾用的鱼篓子，在开口处有一个只能向里开的盖子。有些小虫子经不住捕虫囊开口处分泌的甜液的诱惑，在附近游来游去，当小虫子碰到盖子时，盖子就会突然打开，小虫子便随着水流进入囊中。由于狸藻不会分泌消化液，所以要等到小虫子们饿死后才能吸收，这便是狸藻“吃”虫的妙招。等到所捕获的小虫子被消化吸收完后，盖子会重新打开，将囊中的水和猎物的残体挤出，为下次捕捉小虫子做好准备。狸藻在全世界均有分布，它属于狸藻属。狸藻属是食虫植物中最大的一个属，且大多数都是水生的，但也有一些陆生种类。如南美洲的森林里，有些狸藻生长在枯枝落叶上，有些狸藻生长在苔藓上，不过，它们都会捕食空气中的微小生物。

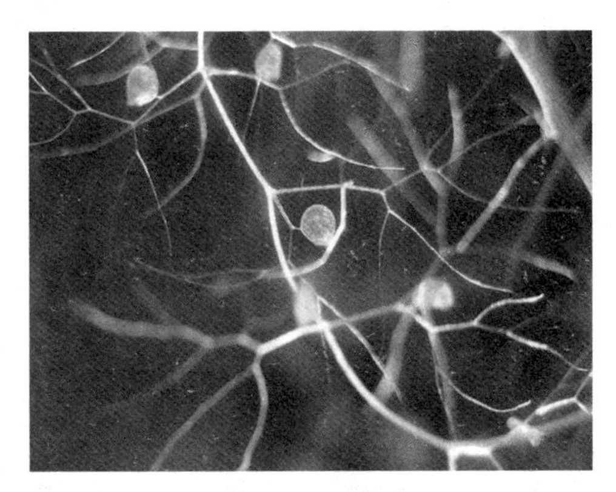

狸　藻

◎土壤中的“隐士”——肉苁蓉

肉苁蓉是藏在土壤中的“隐士”。虽然它是有花植物，却愿意深居地下，与泥土为伴。原来它有自己的打算，它会偷偷地寄生在别种植物的根上，而不会被发现。由于长期吃喝别人的营养，它的叶子已完全退化，呈小鳞片状，完全失去了光合作用的能力。它有一株肥大肉质茎，贮存着充足的水分和养料。每年夏天，肉苁蓉会长出一个粗壮肥大的花序，序上生有很多又大又好看的紫花。然后产生数万个细小的种子，撒落在土中，寻找新的寄主。一旦它发现了合适的植物根，便会毫不客气地粘上去，开始窃取养料。肉苁蓉开花几天后便会死去，可它的种子在地下寄生的生活可达数年之久。肉苁蓉喜欢生长在干旱的沙漠中，主要分布在我国内蒙古、甘肃、新疆等地区。它有滋补的功效，是一种著名的补药。

肉苁蓉

◎喜欢攀缘生长的花——凌霄

凌　霄

凌霄属于紫葳科，是一种落叶木质藤木植物。它的身体弯弯曲曲，攀附在其他植物身上；茎干上有许多小气根，只要一碰上别的植物，就紧紧缠住，不肯松开。它的叶对生，奇数羽状复叶，小叶7~9枚，叶缘有规则的粗锯齿。它在夏天开花，每枝有10余朵，形成圆锥状聚伞花序，每个花序从基部向上持续开花约50天；花开时枝梢继续生长延伸，新梢又生新花，可以一直开到深秋。凌霄花为橙红色，上面略具深红色条纹，花冠5裂，好像美丽的小喇叭。它8月结出豆角状的荚果，10月成熟，荚果自动裂开，散飞出带翅膀的种子。凌霄花古朴典雅，秀丽端庄，十分惹人喜爱。人们常把它种在高大的棚架下，任其随意向上攀爬，几年过后，棚架便成了凌霄花的天下，既美丽，又遮阴。不过，凌霄是一种有毒植物，花粉久闻后会伤脑，孕妇久闻会流产。

◎ 脾气倔的攀爬植物——紫藤

紫藤是一种豆科大型木质藤本植物。它的茎干粗实，善于攀爬，常常在棚架上缠来绕去，不断伸展着枝条，而且枝叶繁密，可构成大面积的荫凉场所，在盛夏里献给人们一个清凉的世界。紫藤的脾气很倔，总是朝右缠绕而上，不信你就去观察一下。紫藤花十分美丽，许多淡紫色的小花集生在一个大花序上，犹如挂在树上的串串紫葡萄，

紫　藤

可爱诱人。在这些垂悬的大花序上，老花谢了新花又开，交替出现，美不胜收。紫藤喜欢阳光，不畏寒冷，是我国布置庭园荫棚最著名的植物。一株紫藤便能形成一个绿色的世界，所以常被人们种在花棚、凉亭或院落中。紫藤的枝条可用来编造高级工艺品；整株植物还可制成盆景，或者切花；茎、皮、花、果皆可入药，有解毒、祛虫、止吐泻的功效；嫩叶还可以吃。

◎ 美丽的“少女”——美人蕉

美人蕉是一种多年生草本花卉。它的根状茎肉质，在根茎节的四周散生着许多细长的须根。它身高80～160厘米，身上常常被有一层淡淡的白粉；叶宽大光绿，非常像芭蕉叶。它开花时间长，从夏天可以开到秋天；花序生于茎顶，花瓣直伸，有大红、淡黄、橘黄三种颜色，鲜艳美丽。如果把美人

美人蕉

蕉比作美丽的少女一点儿也不过分，你看它那鲜艳的花朵就像少女秀丽的脸庞，挺立的绿茎就像少女修长的身材，宽大翠绿的叶片就像不断舞动的长袖，而身上淡淡的白粉就像少女刚刚化过妆一样。难怪有诗赞曰："芭蕉叶叶扬遥空，月萼高攀映日红。一似美人春睡起，绛唇翠袖舞东风。"美人蕉不仅可以装饰花坛和美化庭院，而且能够吸收有害气体。它的花和根茎都可入药，花有止血的功效，根茎有清热利湿的功效。它的根富含淀粉，既可食用，又可作工业原料。

◎魔鬼之花——罂粟

罂　粟

罂粟也叫大烟花，是一种两年生草本植物。它全身呈粉绿色，光滑无毛，椭圆形的叶片围抱着茎干，叶缘上布满锯齿。罂粟的花很大，单生于细长的花梗上，花蕾弯曲，开花时才挺直向上。罂粟花有4个大花瓣，围绕着中央的花蕊，花瓣有白、红、紫等多种颜色，非常漂亮。它结的果实很有趣，像一个个椭圆形的小罐子，上面还有盖，里面装着满满的种子。在罂粟未成熟的果实中，含有一种白色乳汁，遇到空气便会凝固，成为人人皆知的鸦片。鸦片中含有吗啡等生物碱，能镇痛、止咳、止泻，用它治疗肠胃病，比什么药都灵，因此对人类健康有益。但有些见利忘义的人常把它制成毒品，供人吸用。经常吸鸦片烟的人会上瘾，中毒越来越深，会患上各种严重疾病，而且上了瘾的人为了搞到鸦片烟，往往不择手段，最后弄得倾家荡产，苦不堪言。因此，罂粟可谓“魔鬼之花”，许多国家严禁人们种植罂粟。

知识小链接

金三角

“金三角”是世界上主要的毒品产地。它位于缅甸、泰国、老挝三国交界处，其范围包括缅甸北部的掸邦、克钦邦，泰国的清莱府、清迈府北部及老挝的琅南塔省、丰沙里、乌多姆塞省，及琅勃拉邦省西部，共有大小村镇 3 000 多个。总面积为 19.4 万平方千米。

1852 年，英国发动了第二次英缅战争，占领了缅甸，他们发现缅北山区适合种植鸦片，于是，英国殖民者在“金三角”强迫当地的土著人种植罂粟，提炼鸦片，然后把它销往别的地方。

今天，“金三角”已成了全世界声讨的焦点。那些无处不在的贩毒集团，在高额利润的引诱下，前赴后继，源源不断地将毒品生产制造出来，运到全世界，毒害了无数人。在阳光灿烂的金三角，罂粟花还在怒放，古柯叶仍在摇曳，从“快乐植物”到“魔鬼之花”的嬗变，是罂粟花的不幸，同时也是人类的悲剧。

◎天宫神物——玉簪

相传，天宫里的王母娘娘有一次与众仙女欢宴，由于高兴便喝多了酒，不小心把头上的玉簪掉在地上，于是化为人间的玉簪花。由此可见，玉簪花是多么美丽。玉簪是一种多年生草本植物。它的根状茎粗大，上面生有许多细长的须根。叶子都是从植株的基部长出来的，具有很长的叶柄，叶片肥大鲜绿，呈心形，有明显的主脉。它的花茎高出叶片，顶部着生 9 ~ 15 朵花，花呈管状漏斗形，洁白如玉，散发出阵阵幽香。玉簪花好像很害羞，总是在夏日的夜里偷偷开放。

玉簪花

玉簪不但花容娇美，叶片青翠，而且还有许多优良的品质。它不怕寒冷，在我国东北、西北、华北都有分布；它对日光需求很少，相当耐荫，即使在林下或建筑物的北面，也能长得郁郁葱葱。玉簪花含芳香油，可提制芳香浸膏；叶、花、根都可入药，有清热解毒、消肿利尿的功效。

◎牧草中的“蛋白质工厂”——苜蓿

紫花苜蓿

苜蓿是一年生或多年生豆科草本植物。它是一种优良的牧草，号称“牧草之王”，栽培历史悠久。全世界共有16种苜蓿，其中紫苜蓿和南苜蓿最为出名。紫苜蓿是多年生草本，多分支，高30~100厘米，叶具3小叶，花呈紫色。它的蛋白质产量在所有牧草中是最高的，种子含油10%左右，为优良的饲料植物，现在广布世界。南苜蓿的茎稍软，匍匐或稍直立，高约30厘米，基部多分支，叶也具小叶，花呈黄色。它的氮、磷、钾含量比紫云英还高，主要用作绿肥和牲畜饲料，其嫩叶也可供人食用，我国各地均有分布。苜蓿家族中还有一些成员，如小苜蓿、野苜蓿、天蓝苜蓿等，都可作牧草和饲料，但质量稍差。苜蓿营养价值极高，除富含蛋白质外，还有多种维生素和脂肪酸，是其他牧草所不及的。另外，它有极发达的根系，能与根瘤菌共生，产氮量颇高，能够改善土壤，提高土地的肥力。

◎花中“骗子”——角蜂眉兰

兰科植物的花都非常特殊。花常有6片花被，排成2轮，每轮3片，其内轮3片相当于花瓣，其中后面的一片最大，样子像嘴唇，名为唇瓣；雌蕊柱头和雄蕊合生成蕊柱，其顶部为花药和柱头，花粉形成花粉块。兰科植物有2万多种，都有各自的高招引诱昆虫来给它传粉，其中最著名的“骗子”便是角蜂眉兰。角蜂眉兰的花朵娇小而艳丽，唇瓣圆滚滚、毛绒绒的，上面分布着黄色

角蜂眉兰

与棕色相间的花纹，酷似雌性角蜂的身躯，而且会散发出与雌性角蜂性信息素极为相似的化学物质。角蜂眉兰在春天绽开时，也正是角蜂的羽化期，一些先于雌角蜂出生的雄蜂，在飞翔中会闻见兰花散发的性信息素，误以为是雌虫在向它“求爱”，因而会毫不犹豫地落在兰花的唇瓣上，用足抱住“配偶”，于是蕊柱上的花粉块便粘在雄蜂的头上。当受骗的雄蜂“求婚”不成时，只好另觅“佳人”，又会被其他的角蜂眉兰所骗，把头上的花粉块送到了新骗子的头上。于是，可怜的雄蜂不但没有找到配偶，反而成了角蜂眉兰的“媒人”。

◎能提取矿物的植物——紫云英

在北美洲有个地方，当地人称之为“有去无回”山谷，人和动物都不敢轻易进入，一旦误入，就会很快死亡，永远不会回来了。原来，这个山谷中含有大量的硒，人和动物万一食用了富含硒的植物，便会中毒死去。但紫云英却对硒格外喜爱，能从土壤中大量吸收硒，并积累在体内。于是，人们在谷中大量种植紫云英，割下晒干后烧成灰，从灰中提取硒，既省钱，又省力。紫云英是豆科草本植物，身高1米左右。它的根十分粗壮，呈圆锥形，复叶呈羽状，花淡紫色到紫红色，偶见白色。每年春末夏初是紫云英的开花季节，花香四野，引来无数的蜜蜂争相采蜜。紫云英蜜也以甘醇芳香誉名中外。紫云英无论干草还是鲜草都营养丰富，含有大量的蛋白质、脂肪、淀粉以及多种微量元素等，因此是一种优良的饲料。它的含氮量也极高，所以又是一种宝贵的绿肥。紫云英喜爱温暖湿润的气候，在我国南方分布广泛。

紫云英

◎ 围海造田的能手——大米草

海边的大米草植被

大米草是禾本科多年生草本植物，是欧洲海岸米草和美洲互花米草杂交产生的“混血儿”。它的耐盐力极强，生长快、密度大，植株高，具有迅速巩固海滩地的高超本领，被誉为攻占海滩的“尖兵”。在荷兰人围海造田的壮举中，大米草发挥了不可忽视的作用。世界上的许多国家纷纷引种，我国也在1963年把大米草请入国门。大米草有促淤、消浪、滞流的作用，对于围海造田、保护堤岸有着重要的意义。它茎叶嫩绿，营养丰富，是家畜和鱼类爱吃的饲料。而且在围海造田后，大米草会默默无闻地死去，变为肥料，改良土壤。大米草还是理想的造纸原料。可以说，大米草在生前辛勤地为人类开辟新的家园，死后也把自己的躯体献给了人类，不愧为人类的好朋友。

◎ 细菌“杀手”——天麻

天　麻

初见天麻的人会感到惊讶，因为它既不长根，也不长叶，这对于一种植物来说，是不可思议的事。那么，它是如何成活的呢？原来，天麻喜欢在腐烂的树根和树叶旁边生活，在这种环境里常常生活着一种叫做蜜环菌的真菌，它能寄生在多种植物上。可天麻不但不怕它，而且对它情有独钟，原来当蜜环菌的菌丝大量进入天麻茎里的时候，会被天麻体内的一种叫做溶解酶的物质分解，分解后的营养物质进而被天麻吸收，所以，天麻没有根和叶，照样会长高变粗。天麻的茎有半米左右，上面开满了红色的花，远看很像一支红色的箭，所以，天麻也叫赤箭。现在，人们知道天麻是一种食菌植物，也了解它的许多生活特性，故而常用人工培养的蜜环菌拌种天麻，实现天麻的人工繁殖。天麻是一种名贵的中药，能治许多疑难疾病，对人类的健康很有益处。

◎会跳舞的草——舞草

我们知道动物与植物的最明显区别在于动物会移动，而植物不会移动。可是在我国西双版纳有一种奇妙的植物，即使在无风的日子里，它的叶片也会迎着太阳翩翩起舞，人们称之为“舞草”。这可以说是植物界中的一大奇观。舞草是豆科植物，为多年生的小灌木。舞草的茎上交互生长着复叶，每片复叶由3片小叶组成，顶端的叶子最大，两侧的叶子非常小。平时，中间的大叶只作摇摆运动，而两侧的小叶可作回转运动，在强烈的阳光下动作幅度更大，宛如舞蹈家轻舒玉臂，又如体操运动员在做精巧的平衡动作，令人叹为观止。那么，舞草为什么会“跳舞”呢？原来在阳光和温度的刺激下，叶柄的叶座细胞内涨压发生变化而引起细胞间断性收缩和舒张，导致了叶片的舞动。科学家们认为这种舞动可以使舞草躲避阳光而降低水分蒸发，同时使侵犯它的动物产生畏惧，避而远之，所以这种“舞蹈”对于舞草的生存有着重要意义。舞草不仅可以观赏，而且可以入药，用于筋络不通、痰火壅盛等症。

舞　草

◎会伪装的植物——龟甲草

大家知道，许多动物有着高超的伪装本领，从而保护自己免受伤害。同样，在植物界里，也有许多伪装高手，它们依靠自己惟妙惟肖的“装扮”，蒙

骗捕食者的眼睛，使自己能够顺利地生存下来。在非洲南部的荒漠中，有一种奇特的伪装植物，它的外形像个乌龟壳，实际就是它的粗短半圆球形的茎，表面还长着龟甲般的花纹，所以叫它龟甲草。龟甲草是单子叶植物薯蓣科蓣属的植物。在干季时，它的细枝和叶全部枯死，只有半球形的短茎活着，像只趴在地上的乌龟，从而使许多食草动物大上其当，使自己生存下来。当雨季来临时，在短茎的顶部会发出细长的枝，长着繁茂的叶，并很快开花、结果。它的这种特性是长期适应干旱气候而形成的。

◎水中的“铁锚”——菱

菱是一种水生植物。它有两种叶片，一种是躲在水中的沉水叶，分裂成细丝状；另一种是聚生于茎顶的漂浮叶，长得四四方方。漂浮叶的叶柄膨大，里面长有很大的海绵质的气囊，使得叶片漂浮在水面上。菱在夏天开花，花从叶腋下长出，伸出水面，仅过几小时就又会沉入水底。当菱全部凋落的时候，水底下就结出了果实——菱角。菱角呈三角形，长有 2 个刺状角，活像一个铁锚，十分有趣。植物学家认为，菱角长角有两个好处：第一，长角可以保护果实，不让动物吃掉；这些坚硬的刺角，不仅鱼类和鸭子，就连厉害的水老鼠也不敢去碰它们。第二，菱角能起到铁锚的作用，把刚出生的幼苗固定在合适的地方，不会被水冲走。菱角的果肉雪白脆嫩，煮熟后又粉又甜，味道挺好。

◎莲中之王——王莲

王　莲

在南美洲的亚马孙河流域，生长着一种世界闻名的莲花——王莲。它的叶子四边往上卷，像只大平底锅，直径有 2 米多，比家里的圆台面还大。在王莲叶上，即使站上一个 35 千克重的孩子，它也会稳稳地浮在水上；就是在它的叶面上平铺一层 75 千克的沙子，叶子也不会下沉，所以人们称它是“水上花王”。王莲叶片对着太阳的一面呈淡绿色，非常光滑；而面朝水底的一面却是土红色的，密布着粗壮的叶脉和很长的尖刺。这些尖刺是它的防身“武器”，可防止水中的小动物爬上叶面去啃嚼。王莲花的样子同睡莲花差不多，但要大得多，花瓣边缘洁白如玉，中间鲜红，散发出阵阵的清香。王莲是水面开花水下结实，每个莲蓬内含有二三百粒莲子，大小如同玉米粒，还可以磨出淀粉当粮食吃，可与玉米媲美。因此，它又有“水中玉米”的美誉。我国已引进这种花，我们在国内也能领略到它的风姿了。

◎ 沙漠的“花衣”——生石花

在非洲南部和西南部的热带沙漠中，生长着一种叫着生石花的植物。生石花肉质多汁，几乎长得和石块一模一样。它的形状呈椭圆形，颜色有灰棕色、灰绿色等，再加上天然的色泽、纹理和斑点，使它们酷似一块块半埋土中的小石头。与真石头混杂在一起，会让人分不清哪些是真石块，哪些是假石块，就连一些食草动物也不免上当受骗，错过它们，所以人们形象地称之为“有生命的石头”。生石花虽然伪装得巧妙，但也有暴露“身份”的时候。生长到一定时期，它就会开放出金黄色的花朵，形状很像野菊花，美丽动人，只是花期太短暂，只能维持一天。在生石花开放的时候，整个沙漠都穿上了一件“大花衣”，漂亮极了。生石花的身体里贮藏着大量的液汁，这同它的体形一样，都是长期适应干旱环境的结果。

生石花

◎ 傲冰斗雪的英雄——雪莲

我国新疆境内的天山山脉和西藏境内的喜马拉雅山脉，在海拔 4 000 米以

雪　莲

上终年积雪地带生长着一种珍奇的植物——雪莲。它们不怕狂风暴雪，竞相开放，朵朵美丽的紫红色鲜花给皑皑雪山带来了生机。雪莲是菊科风毛菊属的多年生草本植物。它的地下根粗壮而坚韧，深深地扎在地下，任凭风吹雪打，毫不动摇。结实的茎上密生着革质的羽状叶子，茎顶是由十多张淡黄绿色的大苞叶包围着的紫红色鲜花，看上去犹如盛开的莲花，故名雪莲。雪莲全身都长着密密层层的白色棉毛，甚至在花苞上也密生着茸毛，好像穿了一件“棉大衣”。这件“棉大衣”既能阻挡高山辐射光线的侵害，又保证了它能够抵御寒冷，从而生长、发育和繁殖后代。雪莲花是珍贵的药用植物，一般在夏季初开时采收。雪莲具有活血通经、散寒除湿等功效。目前，它已被列为国家三级保护植物。雪莲不畏严寒，不嫌贫瘠，难怪人们深深喜爱它，并把它喻为傲冰斗雪的“英雄”。

◎植物中的变色能手——木芙蓉

人们都知道在动物世界中，变色龙有着非凡的变色本领。可是，人们未必知道在植物王国中也潜藏着许多变色高手，木芙蓉便是它们中最出色的代表。木芙蓉是一种非常美丽的观赏花卉，也叫木莲或拒霜花。它分布在我国的大部分地区，尤以四川成都为最多，所以人们称这座城市为芙蓉城，简称蓉城。木芙蓉和棉花是同一个大家庭的成员，都属锦葵科植物，但比棉花高大，它的叶子和棉花叶也有些相像。每年 8 月底，木芙蓉便开始绽放出茶

木芙蓉花

杯那么大的花朵，鲜艳夺目。奇妙的是，一般的木芙蓉初开时为白色或淡红色，后来渐渐变为深红色。更奇的是，三醉木芙蓉的花色可一日三变，清晨刚绽开的花为白色，中午变成淡红色，到了晚上又变成深红色。还有一种弄木芙蓉则是变色花中的冠军，它的花朵第一天是白色，第二天变成浅红色，第三天变成黄色，第四天变成深红色，最后凋谢时又变成了紫色。这种神奇的本领常使我们感到迷惑不解，但经过科学家们的解释，我们很容易就能明白其中的道理。原来这是木芙蓉花中的各种色素捣的鬼，它们可随着温度和酸碱度的变化而改变其颜色。

◎小鸟的天堂——榕树

榕树生活在高温多雨的热带、亚热带地区，在我国南方，是当地人很好的乘凉遮阴树木。榕树是一种能独木成林的常绿植物。它的树干又高又粗，上面长了许许多多的不定根。刚长出的不定根还没有手指粗，可是它们越长越大，最后一直插到泥土中。不定根遇着土壤后，能从土壤中吸收水分和养料，很快就长得又粗又壮，形成了新的树干。这些树干成百上千，共同支撑着巨大的树冠，所以人们也叫它支持根。一棵几百年的榕树，往往都有几千根树干支撑着繁茂的树冠，远远望去，就像一大片森林。据说孟加拉国有一棵900多岁的老榕树，能容纳下六七千人的军队宿营还宽敞有余呢。在广东省新会县，有一株300多岁的大榕树，树上栖息着成千上万只鸟，是名副其实的“鸟的天堂”。榕树的用途很广，是很好的蔽荫防风树种，在绿化环境和美化环境方面，也做出了很大的贡献。

大榕树

◎沙漠“活煤”——梭梭

梭梭是一个古老的树种，在我国，它主要分布在新疆的准噶尔盆地。梭梭

生在沙漠，长在沙漠，不怕风吹日晒，抗干旱，抗盐碱，给荒漠带来生命的绿意，被人们赞誉为“沙漠英雄”。梭梭又叫梭梭柴、盐木，是藜科灌木植物。它高2~5米，黄绿色的枝条显得细弱，上面长有关节；嫩枝多汁，渗透压高，抗脱水；叶退化成小的鳞片状三角形，靠绿色小枝进行光合作用，而且在夏天，有些嫩枝会自动脱落以减少蒸腾作用。它在六七月份开花，花单生于叶腋，形小，呈淡黄绿色。果实圆形，顶部稍凹，果皮黄褐色。种子横生，呈螺旋状。梭梭树是沙漠中分布最广、经济价值最高的树木。它的木材质地坚硬，耐火烧，不留灰，素有沙漠“活煤”的美誉；嫩枝是骆驼吃的上等饲料；枝干富含碳酸钾，可提取出来作为工业原料；花朵含有丰富的蜜粉，是一种开发潜力很大的蜜源植物。

梭　梭

◎空气“清洁工”——泡桐

泡桐是玄参科的落叶乔木，主要分布于我国长江流域，现北方多栽种。泡桐一般身高4~10米，最高可达30米，树干通直，树皮灰褐色，树冠浑圆如大伞盖。它有先开花后长叶的习惯，春天刚到时，在一根根光秃秃的枝条上，长出圆锥形的大花序，上面开满了浅紫色的大花朵，好像许多挂在树上的小喇叭。泡桐的叶呈宽卵形，表面绿色有光泽，背面有灰黄色或灰色星状毛。泡桐是一种速生树种，从一棵小苗长成到10米多高的大树只需七八年的时间。它还是著名的空气“清洁工”，能够吸附空气中的灰尘，起到净化空气的作用。泡桐木材质地轻软，纹理顺

泡桐林

直，是做家具、乐器的好材料，而且经久耐用。它的花含蜜丰富，酿出的泡桐蜜呈琥珀色，半透明，气味芳香，所以又是一种重要的蜜源植物。泡桐的根皮可入药，治疗跌打损伤。

◎ 世界上最高的树——杏仁桉

杏仁桉

在澳大利亚，如果想歇凉，千万别进入杏仁桉树林里，因为林中几乎没有一点影子，仍然日光高照。这是怎么回事呢？原来杏仁桉的叶子全部集中在树顶，树干的下部和中部没有一片叶子。最重要的是，它们的叶子在空中的方向与众不同，叶面并不对着太阳，而是“羞涩”地以侧面对着太阳，叶面正好与太阳光照射的方向平行，当然它们就挡不住阳光了。所以，杏仁桉没有阴影，杏仁桉树林里依旧阳光普射，人们形象地称之为“无影的森林”。杏仁桉的叶子是与环境相适应的，这样可以避免阳光的灼烤，大大减少水分的蒸腾。杏仁桉是一种速生树种，通常10年就能成材。它经常长到100米以上，树干笔直潇洒、亭亭玉立，人们又送给它一个雅称——林中仙女。美丽的杏仁桉还是一种优质木材。另外，从桉树中可提炼出大量的鞣质，还可从叶中提取出桉叶油，在化学工业和医药工业上应用广泛。曾有人统计过，最高的杏仁桉可达155米，这也是世界上最高的树。

◎ 书中珍品——菩提树

菩提树是树木中的珍品。它原产印度，又有印度波树、思维树、毕钵罗树等雅名。菩提树在我国主要分布在广东、云南两省。“菩提”二字出于梵文Bodhi，是正觉的意思。相传释迦牟尼在佛佗伽耶的一株菩提树下成佛，因

菩提树

此，人们一向把它看作佛教圣树。最早传入我国的菩提树是在梁武帝天监元年，由僧人智药三藏种植在广州制止寺。菩提是一种常绿乔木，树姿雄伟，全身上下很光滑。它的叶片圆圆的，在先端部分拖出一根很长很细的长尾巴，也叫滴水尖，对它很有用。因为在热带雨林中，当雨季来临时，无数像雾气一样的极小水珠落在叶片上，越积越多，但由于有了滴水尖，叶面上的水很容易沿着这根长尾巴滴落下去，使叶片上的水不会积得太多。菩提树的花很像无花果，也是一个个的小圆球，里面隐藏着成千上万朵小花，如果不把圆球掰开，根本就没办法看见。菩提树的实用价值也不少：它的气生根可作为大象的饲料；它的花是一种发汗、解热的药物；其质地坚硬，可用来制作各种器具；现代，多用它树干的乳汁提制硬性树胶。

◎ 相思豆——红豆

“红豆生南国，春来发几枝。愿君多采撷，此物最相思。”这是唐代著名诗人王维对红豆发自内心深处的赞美。这首诗千百年来广为流传，深受人们的喜爱。我国南方产的红豆种类众多，目前已经知道的就有 20 多种，其中比较著名的便是红豆树、相思子、花梨木这三种树木所结的红色种子，年轻人常把它送给自己的心上人，来表达自己的真情爱意。人们还常常把它们做成装饰品，点缀着人们的生活。红豆树是一种高大的乔木，叶呈长卵形，荚果木质、扁平；生在河旁或林边，主要分布于我国的陕西、江苏、湖北、四川等省；木材坚硬且有斑纹，可作雕刻材料。

◎ 草原上的“瓶树”——纺锤树

我们知道，最能贮水的草本植物是仙人掌。而在木本植物中，最能贮水的树要算纺锤树了。纺锤树生长在南美洲的草原上。这种树木有 30 米高，两头尖细，中间肚鼓，最粗的地方直径可达 5 米，远远望去很像一个大的“纺锤”，所以人们称它为纺锤树。这种树开红色的花朵，整株树的外形还像一个插上几株鲜花的巨型花瓶，因而人们还叫它为“瓶树”。纺锤树生长的地方有区别明显的旱季和雨季。每当旱季来临，它的叶子纷纷落下，以减少水分的消耗；在雨季来到以后，它的根系又拼命吸收水分，把这些水分贮存在大“瓶”内，存水最多的可达 2 吨，以供在干旱时慢慢使用。在对环境的长时期的适应过程中，纺锤树的树干就膨大起来了。在澳大利亚的沙漠中旅行，也可以看到这种奇特的纺锤树。人们口渴时，只需在树上挖一个小口，就能喝上这独特的“饮料”。

纺锤树

◎ 剧毒的光棍树

光棍树属于大戟科的植物，原产东非与南非的沙漠或荒漠地区。光棍树是一种奇异而有趣的树，它高 4 ~6 米，整个树身见不到一片叶子，满树一年到头只是一些光溜溜的绿枝，有时偶尔在小枝顶上长出一些小叶子，它们是如此的小，如不注意是不容易看见的，而且往往长出来不久就脱落了，所以人们亲切地叫它“光棍树”。也有人叫它神仙棒或绿玉树。光棍树没有叶子就不能进行光合作用，那它不就饿死了

光棍树

吗？其实，它没叶子不仅不会挨饿，反而对它的生存大有好处。原来，光棍树的故乡在非洲的干旱地区，那里常年缺水，为了减少自身的水分蒸发，节省用水，它们的叶子就逐渐变小，甚至慢慢地消失了；而它的树枝却变成了绿色，里面有很多叶绿素，可以代替叶子进行光合作用。可见，光棍树的奇特长相，是对严酷的干旱环境长期适应的结果。光棍树全株含有剧毒的白色汁液，能抵抗病毒和害虫的侵犯，但人们栽培它时要加倍小心，防止毒汁进入口、眼或伤口中。近年来，光棍树引起科学家们的极大兴趣，他们发现这种树的汁液中含有大量的碳氢化合物，可以制取石油，是很有希望的石油植物。

◎满条红——紫荆

紫荆是豆科的一种落叶灌木或小乔木。它最高约 15 米，树干一丝一丝地从土中冒出，枝条开展下垂。叶互生，革质，叶形像圆圆的心脏，又如羊蹄或骆驼蹄状，所以国外还叫它“红花骆驼蹄树”。它在春天开花，当光秃秃的枝条还没有长出叶片时，整棵树已经开满了玫瑰紫或玫瑰红色的花朵，花朵小且数量多，格外悦目喜人，故有“满条红”的美誉。古人曾赞曰：“风吹紫荆树，色与春莛暮”。它的花有 5 个花瓣，其中 4 瓣分列两侧，另 1 瓣翘首立于上面，就像一只美丽的蝴蝶。每当花期，缀满枝头的无数花朵，有如彩蝶飞舞，令人心旷神怡，目不暇接。紫荆的果实为扁平的豆荚，也是紫色。紫荆是一种优良树种，可作为行道树和绿化树。它木质坚硬，适于精细木工；树皮含单宁，可作染料和鞣料；种子可作农药，有杀灭害虫的功用。它天生喜爱阳光，在我国许多地方，都能看见它那美丽的芳容。

◎净化空气的无名英雄——夹竹桃

夹竹桃是一种比较常见的植物。它四季常青，叶似竹叶，花若桃花，故名夹竹桃。夹竹桃的叶子常常 3 生一组轮生在小枝上。花在枝顶开放，有白色、红色、黄色等，绚丽悦目，使人陶醉；花期长，从夏天到秋天一直不停地开放。夹竹桃生活能力强，即使长在阴暗光少的地方，也能照样开放出漂亮的花朵。它的枝条中含有一种有毒的乳汁，能杀死来犯之虫。夹竹桃是出色的抗污“能手”。有人做过测定，每千克的夹竹桃叶子能吸收有毒的汞 96 毫克，每张叶片能吸收空气中的硫 60 多毫克，而且许多有毒的铅、锌等金属的微粒和大量的尘埃都逃脱不了它的吸附作用。还有人发现，在有毒气体和烟尘严重泛滥的地区，其他树木由于不能忍受而纷纷枯萎，唯独夹竹桃能昂首挺立，枝繁叶茂，难怪人们盛赞它是净化空气的“无名英雄”。另外，夹竹桃的树皮中富含纤维，可以造纸张、织鱼网，还可以用于纺织业。

夹竹桃

◎穿“马褂”的植物——鹅掌楸

鹅掌楸又名马褂衣，是木兰科的一种乔木。它同银杏、水杉等树木一样，是历经沧桑幸存下来的珍贵树种。鹅掌楸身材高大，高达 40 米，胸径 1 米以上。它的叶子有十几厘米长，与其他植物的叶片不同，其先端是平截的，中央略有凹入，两侧有两个深深的宽裂片，像大白鹅的脚掌，故名鹅掌楸。有些人还认为它像古代人穿的马褂，宽裂片像袖子，裂口处像腰身，所以又叫它为马褂木。鹅掌楸在春天开花，花单生于枝顶，花被片里面呈黄色，外面呈绿色，6 个花瓣围成一圈，像一个酒杯，十分漂亮。鹅掌楸分布在长江以南各省区，越南也有分布。因其叶形奇特，花朵美丽，故为我国著名观赏植物。它的树皮可入药，有祛湿除寒的功效。

鹅掌楸

◎我国特产的传统名花——山茶花

山茶花

“雪里开花到春晚，世间耐久孰如君。”这是我国著名诗人陆游对山茶的描述。山茶是一种常绿灌木或小乔木，人们常按树形将其分为丛生型、垂枝型、直立型和横张型四大类。山茶的叶形多变，在质地方面，有的厚硬，有的薄软，有的甚至像一层膜；在颜色方面，从深绿到浅绿，色彩丰富，有些品种还具有黄白色的斑块。山茶花大而艳丽，花色由浅红至深紫都有，例如花色纯白的白洋茶，粉红的杨贵妃，桃红的小五星，紫红色的紫花山茶等。山茶的品种不同，开花的时间也不同，一般从每年的10月份至第二年的4月份都有花开。它的花期很长，最短的为1~2个月，最长的可达4个月，十分耐久。自古以来，就有许多诗人写诗赞美它的美丽与耐久。山茶花是我国特产的传统名花，也是著名观赏植物；全世界共有220多个品种，我国就占了190多种，所以，我国是盛产山茶花的大国。在我国，山茶花主要分布在华东、华南一带，而云南省的山茶种类最多，数量也最大。山茶是一种重要的园艺植物，可修剪成树墙或绿篱，也可制成盆景。此外，它的花可食用，还可入药，有凉血、止血、理气的功效；种子可榨油，坚硬的木材可用于雕刻或制作工具，真可谓用途广泛。

◎夜合树——合欢

合欢是城市中常见的观赏树木，在许多地方都有分布。它属于豆科植物，2~3米高。在它的枝条上，长着一片片像羽毛一样的复叶，每片复叶又由许多镰刀形的小叶对生而成，排列得整整齐齐，十分美丽。在晴朗的白天，这些叶片全部张开，一到傍晚，就好像要睡觉那样自动闭合，所以人们也叫它夜合树。合欢在夏天开花，从平整的树冠上冒出一枝枝花簇，远远看去，仿佛在绿阴深处飘着一片片淡红的烟云。它的小花不大，但红色的花丝伸得很长，一簇簇地向四周辐射，赛过马铃上的红缨，因此又有人称其为马缨花。到了秋天，合欢结出一串串像豆角一样的荚果，扁扁的，摇摇摆摆，十分好看。合欢树的叶花都很漂亮，自古以来就是装点庭院的树木。它的嫩叶可以吃，花和树皮有安神的功效。它耐干旱盐碱，有改良地力及固沙之效，因此，用途相当广泛。

◎珍稀树种——望天树

在我国云南西双版纳的热带森林中，生长着一些珍稀树种，它们高耸挺拔，直刺苍穹，人们称它们为望天树。望天树属于龙脑香科柳安属。它通常有 60 多米高，个别的甚至高达 80 米，远远超出身边的其他树木，因此在山野中一眼就能望到它。这种巨树的枝叶都集中在树干的上半部分，叶互生，呈椭圆形，背面生着密密麻麻的茸毛，在显微镜下就像多角形的小星星。望天树的花序像锥子一样，花呈黄色，微风吹过，有阵阵的幽香袭来。它秋天结果，果实坚硬，被 5 个宿存的花萼所包围，就像 5 片翅膀一样，能随风飘到很远的地方。望天树是热带雨林的标志树种。它生长迅速，生产力很高，而且木质坚硬，不怕虫蛀，不怕腐蚀，是制造高级乐器、家具和桥梁的上等材料。它的木材中含有丰富的树胶，花中含有香料油，在化学工业上有着很好的应用前景，值得大力开发。它已被列为我国的一级保护植物，人们正在尝试对它进行人工栽培。

望天树

◎质量最轻的树——轻木

在树木大家庭中，材质最轻的要数轻木。轻木属于木棉科轻木属，又称百色木、巴萨尔木。它是一种常绿乔木，树干粗大笔直，身高 15 米以上。其叶呈大椭圆形，在枝条上交互排列。白色的大花着生在树冠的上层，很像芙

轻　木

蓉花。种子呈咖啡色，外被绒毛，和棉花籽差不多。轻木的生长速度在所有的树种中数一数二，一年就可高达 5 ~6 米。由于它体内细胞更新很快，不会产生木质化，所以身体的各部分都显得异常轻软和富有弹性。假如用手指使劲按其树干，竟会留下一个手指的凹印。这种树是如此的轻，就连一位妇女也能轻易地扛起一株 10 米多长的轻木。轻木可用来制造救生胸带、水上浮标、隔音设备、展览模型及塑料贴面等。轻木喜欢气温高、雨水多的环境，主要分布在南美洲及西印度群岛，厄瓜多尔是其盛产地之一。现在，在我国广西、福建、海南岛以及台湾等地区已开始大面积引种。

◎胎生树木——红树

谁都知道哺乳动物都是依靠怀胎来繁殖后代的。可是，你听说过某些植物也有“胎生”现象吗？红树便是具有这种奇怪特性的代表植物。红树是属于红树科的植物，分布在热带海岸泥滩上，在我国海南岛、广东、福建等地的沿海地区就能见到。按照常理，普通植物的种子成熟后，会离开母体散发出去，然后在合适的条件下慢慢长大。可红树偏偏不这样。红树在春、秋两季开花结果，有 300 多个果实，像一条条绿色的小木棒悬挂着，这就是它的绿色“胎儿”。这些绿色“胎儿”不停地吸取母树的营养，不断成长，一直到嫩绿的枝芽出现时，才恋恋不舍地与母树脱离，插进海滩的淤泥之中，数小时后，这些“胎生”幼苗会长出许多幼根将自己牢牢固定住，在海潮到来之前，它们已是一株株独立生长的小树了。即使这些胎儿掉下时被涨潮的海水冲走，也不要担心，它们不会失去生命力，一旦海潮把它们送上海滩，它们就会很快扎根生长，逐渐长大。红树的“胎生”特性，是它长期适应所处的特殊生态环境的结果，有利于初生幼苗的成活。生长在岸边的红树林，可以护堤、防风、防浪，是保护海岸的坚强卫士。

闯入生物世界

神秘的微生物世界

我们通常所说的“微生物”，意指所有肉眼看不到，但具有生命现象的生物，包括细菌、病毒、真菌和一些原生藻类，以及古生菌等。

人类观察到微生物还不到400年的时间，但它们在地球上已经生活了许久。

微生物的数量极其庞大，据估计，全球一共有单细胞生物5 000多种。它们十分渺小，一般只有几个微米大小，几十个细菌并排在一起才有一根头发丝那么粗。神秘的微生物世界宛如一个神秘王国，令人称奇不已……

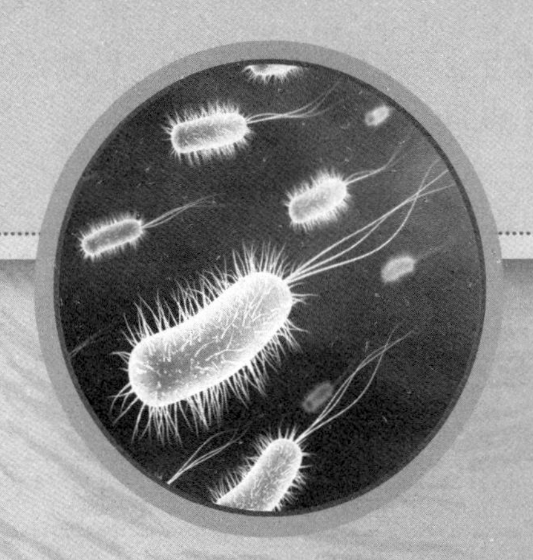

微生物世界

◎微　生　物

概　念

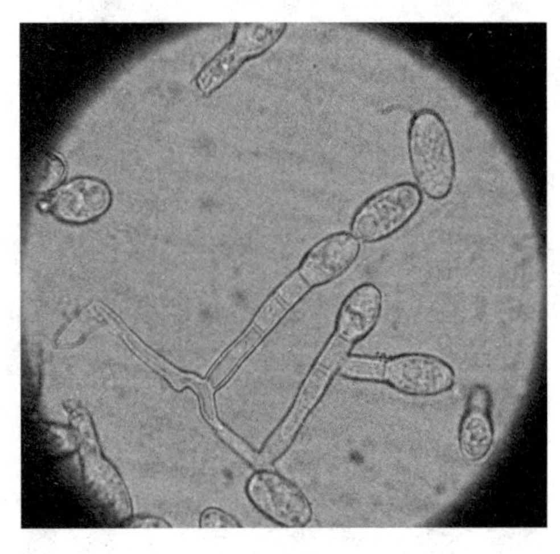
真　菌

微生物是指数量众多、形态多样、不借助显微镜看不见的微小生物类群的总称。因此，微生物通常包括病毒、亚病毒（类病毒、拟病毒、朊病毒），具原核细胞结构的真细菌、古生菌以及具真核细胞结构的真菌（酵母、霉菌等）、原生动物和单细胞藻类，它们的大小和细胞类型请见下表。一般来说微生物可以认为是相当简单的生物，大多数的细菌、原生动物、某些藻类和真菌是单细胞的微生物。病毒甚至没有完整的细胞结构，只有蛋白质外壳包围着遗传物质，且不能独立存活。

微生物大小和细胞类型

微生物	大小近似值	细胞的特性
病毒	0.01 ~025 微米	非细胞的
真菌	2 微米 ~1 米	真核生物
细菌	0.1 ~10 微米	原核生物

微生物的特点

（1）个体微小，结构简单。在形态上，肉眼看不见，需用显微镜观察，细胞大小以微米或纳米计量。

1 毫米 =1 000 微米 =1×10^6 纳米

（2）繁殖快。在实验室培养条件下细菌可在几十分钟至几小时内繁殖一代。

（3）分布广泛。有高等生物的地方均有微生物生活，动植物不能生活的极端环境也有微生物存在。

（4）数量多。在局部环境中数量众多，如每克土壤含微生物几千万至几亿个。

（5）易变异。相对于高等生物而言，较容易发生变异。在所有生物类群中，已知微生物种类的数量仅次于被子植物和昆虫。微生物种内的遗传多样性非常丰富，所以微生物是很好的研究对象，具有广泛的用途。

微生物的种类

（1）非细胞型微生物。个体极微小，不具细胞结构，能通过细菌滤器，只含有一类核酸（DNA 或 RNA）。只能在活细胞中生长繁殖，如病毒。

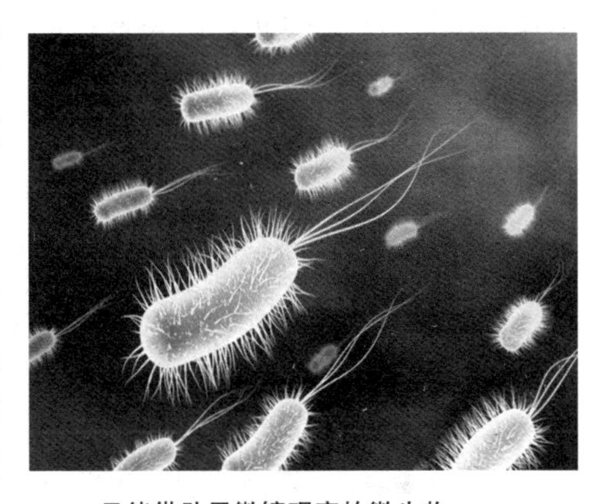

只能借助显微镜观察的微生物

（2）原核细胞型微生物。仅有原始核，无核膜、核仁等结构，缺乏细胞器，同时含有两类核酸（DNA 和 RNA），如细菌、立克次体、支原体、螺旋体、衣原体和放线菌。

（3）真核细胞型微生物。有分化程度较高的细胞核，具核膜、核仁等结构，有一完整细胞器，同时含有两类核酸（DNA 和 RNA），如真菌。

微生物的命名

微生物的命名是采用生物学中的二名法，即用两个拉丁字命名一个微生物的种。一个种的名称是由一个属名和一个种名组成。属名和种名都用斜体字表达，属名在前，用拉丁文名词表示，第一个字母大写。种名在后，用拉丁文的形容词表示，第一个字母小写。如大肠埃希杆菌的名称是 *Escherichia coli*。为了避免同物异名或同名异物，在微生物名称之后缀有命名人的姓，如：大肠埃希杆菌 *Escherichia coli* Castellani and Chalmers、浮游球衣菌 *Sphaerotilus natans* Kiuzing。

微生物与环境

微生物与环境保护有着极为密切的关系。利用微生物在处理环境污染物和环境监测等方面已取得了很大的成果，微生物在环境保护中有奇特的作用。

当水体中存在大量的有机物时，就会被异养微生物分解利用，其代谢产物又会被自养微生物利用，最后捕食性原生动物也会迅速发展，通过它们的共同作用，最后使污水得到净化。然而，它们的生命活动要消耗氧，而氧的消耗速度要比补充的速度快，因此，有机物的污染会导致水体中溶解氧含量的减少。

生活污水

生活污水与人类的生活密切相关，各种洗涤水和粪便水等渗入地下或流入自然水体，这些污水中含有大量的、种类繁多的有机物和无机物以及有毒物、不卫生的物质，还有微生物，尤其是可引发传染病的病原微生物。这些污水进入地表水或地下水，都会使水质受到污染，从而使生活用水丧失了可饮性，水生生物遭受毒害，水产资源受到破坏。生活污水处理就是创造条件，加快自然水体的自然净化过程，消除污染物，当水质达到排放标准后，再排入天然水源，以保证水资源循环使用。处理方法分为好氧法和厌氧法两大类。

微生物对化学农药也有降解作用。各种除莠剂、杀虫剂、杀菌剂、杀软体动物剂、杀鼠剂等农药，在制造、运输和使用过程中，对环境有很大污染。我国每年要使用50多万吨农药，其利用率只有10%，大量农药残留在土壤中，有的被土壤吸附，有的附着在农产品上，有的则经水、气传播和扩散，从而引起环境污染。降解农药的微生物种类很多，主要有细菌、霉菌、酵母菌和少数放线菌。

喷洒农药

知识小链接

显微镜

显微镜，是由一个透镜或几个透镜组合构成的一种光学仪器，是人类进入原子时代的标志。主要用于放大微小物体从而为人的肉眼所能看到。显微镜分光学显微镜和电子显微镜：光学显微镜是在1590年由荷兰的杨森父子所首创。现在的光学显微镜可把物体放大1600倍，分辨的最小极限达0.1微米。

◎微生物的构成

微生物从生活的外部环境中不断吸取所需要的各种营养物质，合成本身的细胞物质，并提供生理活动所需要的能量，保证机体进行正常的生长与繁殖，同时将代谢活动产生的废物排出体外。

构成微生物细胞的化学成分分为有机物和无机物两种。有机物为蛋白质、核酸、脂类、糖类等大分子，还有它们的降解产物和代谢产物，占细胞干重的99%。无机物包括水和无机盐，水占细胞质量的70%~90%，无机盐占细

胞干重的1%。

构成微生物细胞的化学元素为碳、氢、氧、氮、磷、硫、钾、钠、镁、钙、铁、锰、铜、钴、锌、钼等。其中碳、氢、氧、氮、磷、硫六种元素占微生物细胞干重的97%，为主要元素，其他元素为微量元素。微生物细胞化学元素组成的比例常因微生物种类的不同而不同，也常因菌龄和营养条件不同而发生变化。

微生物的营养物质

能够满足微生物机体生长、繁殖和各种生理活动需要的物质称为微生物的营养物质。组成微生物细胞的各种化学元素来自微生物所需要的营养物质，即微生物的营养物质应该包含组成细胞的各种化学元素。

微生物获得和利用营养物质的过程称为营养。

微生物的营养物质按其在机体中的生理作用不同可以分为碳源、氮源、无机盐、生长因子和水5大类。

微生物的营养类型

根据微生物生长所需要的碳源物质可以将微生物分为自养型和异养型两类，自养型微生物以复杂的有机物作为碳源，异养型微生物能够以简单的无机物如二氧化碳作为碳源。

根据微生物生长所需要的能源可以将微生物分为光能型和化能型两类，光能型微生物由光提供能源，化能型微生物利用物质氧化过程所放出的化学能作为能源进行生长。

实际上，根据碳源、能源的不同，常将微生物分为光能自养型、光能异养型、化能自养型及化能异养型4种类型。

目前已知的大多数细菌、真菌、原生动物都是化能异养型微生物。所有致病微生物也都属于化能异养型。根据化能异养型微生物利用的有机物性质的不同，又可分为腐生型和寄生型2类，腐生型可利用无生命的有机物（如动植物尸体）作为碳源，寄生型则必须寄生在活的寄主机体内吸取营养物质，离开寄主就不能生存。在腐生型和寄生型之间还存在兼性腐生型和兼性寄生型等中间类型。

知识小链接

无机盐

无机盐，即无机化合物中的盐类，又称矿物质，在生物细胞内一般只占鲜重的1%～1.5%，目前人体已经发现20余种，其中大量元素有钙（Ca）、磷（P）、钾（Ka）、硫（S）、钠（Na）、氯（Cl）、镁（Mg），微量元素有铁、锌、硒、钼、氟、铬、钴、碘等。虽然无机盐在细胞、人体中的含量很低，但是作用非常大。

微生物的分布

◎ 生活在水里的微生物

草履虫

草履虫是一种身体很小、圆筒形的原生动物，它只由一个细胞构成，是单细胞动物，雌雄同体。最常见的是尾草履虫。体长只有80～300微米。因为它身体形状从平面角度看上去像一只倒放的草鞋底而叫做草履虫。草履虫体内有1对成型的细胞核，即营养核（大核）和生殖核（小核），进行有性生殖时，小核分裂成新的大核和小核，旧的大核退化消失，故称其为真核生物。其身体表面包着一层膜，膜上密密地长着许多纤毛，草履虫靠纤毛的划动在水中旋转运动。它身体的一侧有1条凹入的小沟，叫“口沟”，相当于草履虫的“嘴巴”。口沟内的密长的纤毛摆动时，能把水里的细菌和有机碎屑作为食物摆进口沟，再进入草履虫体内，供其慢慢消化吸收。残渣由一个叫肛门点的小孔排出。草履虫靠身体的表膜吸收水里的氧气，排出二氧化碳。

草履虫属于动物界中最原始、最低等的原生动物。它喜欢生活在有机物

含量较多的稻田、水沟或水不大流动的池塘中，以细菌和单细胞藻类为食。据估计，一只草履虫每小时大约能形成60个食物泡，每个食物泡中大约含有30个细菌，因此，一只草履虫每天大约能吞食4.3万个细菌，它对污水有一定的净化作用。

大多数草履虫是吞噬式营养，但绿草履虫是例外，体内含共生绿藻，这种绿藻可利用动物体排泄的含氮废物作为无机盐的来源，通过植物式光合作用制造有机物。

变形虫

变形虫属于单细胞生物，又音译为“阿米巴”。细胞膜纤薄，由于原生质的流动，使身体表面生出无定形的指状、叶状或针状的突起，称为“伪足”，身体即借此而移动。身体的形状轮廓也会随伪足的伸缩而有变化。伪足间可自由包围融合，借此包裹事物进行消化。自然界常见的为大变形虫。

在长有水草的池塘中取水，连同水草和腐烂的茎叶一起采集。将池水和水草在没有阳光的地方放置3~5天，液面上便会有黄色泡沫浮现，此时便可从泡沫处发现变形虫。变形虫之所以能改变形状，是因为细胞膜没有细胞骨架、膜骨架。变形虫有伸出伪足的能力，造成细胞质流动，所以形态不固定。

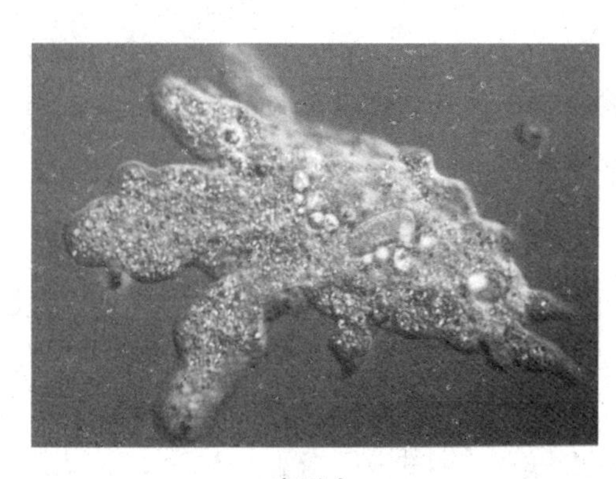

变形虫

变形虫通常在污水、池塘或湿土中生活，当它捕食、运动和抗敌时，细胞质便伸出去，形成“伪足”。这个伪足可以从身体的任何一部位延伸出来，而且各条伪足经常在伸缩着，因此它的形态也就经常变换，不能定形。

自古以来，各种动物死了之后，都留下自己的尸体，然而变形虫却死不留尸！原来，当变形虫长大之后，就开始繁殖，由一个分裂成两个。这样，老的变形虫就消失了。难怪科学家称变形虫为“永远不死”的动物，或者称之为“永生的虫”。

变形虫是一种极小的原生动物，全身直径通常只有0.01厘米，最大的变形虫直径也只有0.4毫米，用肉眼看，不过是一个模模糊糊的小白点。因此，要看清它的构造，非请显微镜帮忙不可。变形虫这一家族有不少种类。例如在海水中生活的有孔虫、夜光虫、放射虫，在淡水中生活的有太阳虫、变形虫，在人体和动物体内寄生的有疟原虫、痢疾内变形虫。痢疾内变形虫寄生在人的大肠里，能溶解肠壁上的细胞，引起“阿米巴痢疾”，危害人体健康，所以不能小看它。变形虫等原生动物，可以用来作为判定水质污染程度的指标动物。

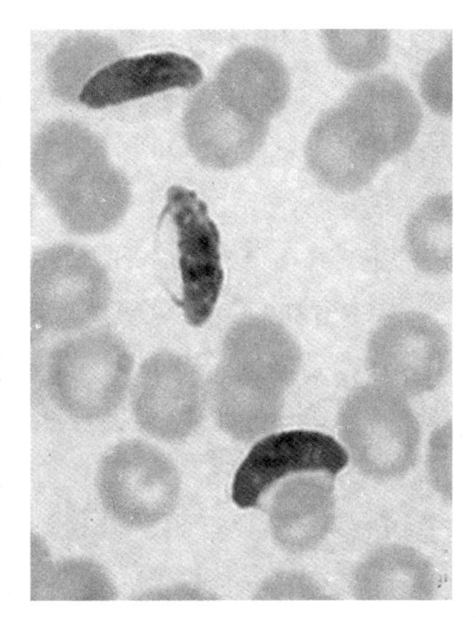

疟原虫

弧　菌

弧菌菌体呈弧状或逗点状，如霍乱弧菌。弧菌属广泛分布于自然界，尤以水中为多，有100多种。主要致病菌为霍乱弧菌和副溶血弧菌（致病性嗜盐菌），前者引起霍乱，后者引起食物中毒。

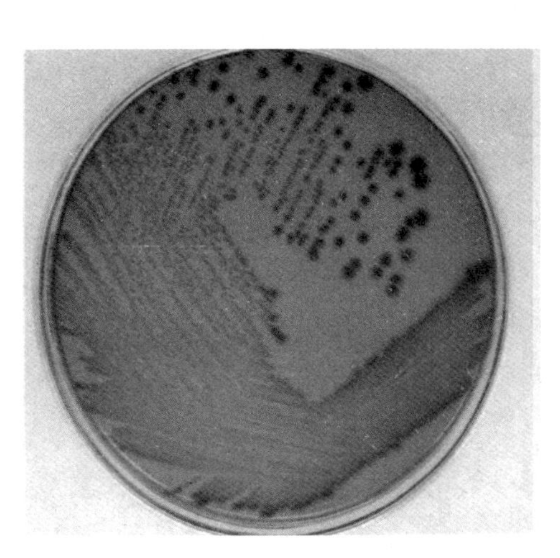

培养皿中的弧菌（副溶血弧菌）

铁细菌

铁细菌是一类生活在含有高浓度二价铁离子的池塘、湖泊、温泉等水域中，能将二价铁盐氧化成三价铁化合物，并能利用此氧化过程中产生的能量进行生长的细菌的总称。

这些微生物分别属于不同类群，有的是兼性自养型，如纤发菌、泉发菌，为成串的杆状细胞互相连成丝状，外面包有共同的鞘套，在细胞内或鞘套上常有铁等金属积累；有的是严格化能自养型，并只能在强酸性条件下生活，如氧化亚铁硫杆菌，通常生活在 pH 值为 4 以下的环境中，这类菌在细菌浸矿中具有重要作用。铁细菌长期产生氢氧化铁，可积累成褐铁矿，在铁制水管中的生长繁殖会缩短水管的使用寿命。

铁细菌能使二价铁氧化成三价铁并从中得到能量，如锈铁菌属、纤毛铁细菌属等，在水中能使亚铁化合物氧化，并使之生成三价的氢氧化铁沉淀。沉淀物聚集在细菌周围产生大量的棕色黏泥，导致设备和管道的点蚀和锈瘤的形成。铁细菌喜欢生活在含氧少和含有二氧化碳的弱酸中，在碱性条件下不易生长。冷却水有铁细菌繁殖时，水质浑浊、色泽变暗，pH 值也相应变化，并伴有异臭气味。

褐铁矿

◎土壤中的微生物

磷细菌

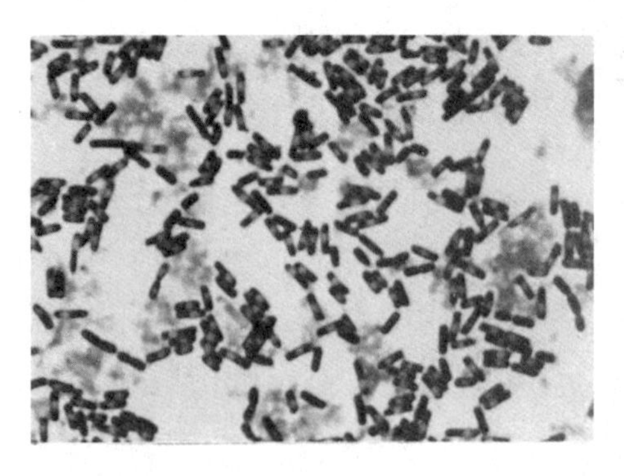

磷细菌

磷细菌存在于自然界，是土壤中溶解磷酸化合物能力较强的细菌的总称。通过磷细菌的作用，可使土壤中不能被植物利用的磷化物转变成可被利用的可溶性磷化物，故又称溶磷细菌。主要有两类，一类称为有机磷细菌，主要作用是分解有机磷化物如核酸、磷脂等；另一类称为无机磷细菌，主要作用是分解无机磷化物，如磷酸钙、磷灰石等。磷细菌主要是通过产生各种酶类或酸类而发挥作用的。用它可制成细菌肥料，实践证明，对小麦、甘薯、大豆、水稻等多种农作物，以及苹果、桃等果树具有一定增产效果。农业上常用的有解磷巨大芽孢杆菌，俗称为“大芽孢”磷细菌。此外，还有其他芽孢杆菌和无色杆菌、假单胞菌等。

根瘤菌

根瘤菌是与豆科植物共生，形成根瘤并固定空气中的氮提供给植物营养的一类杆状细菌。这种共生体系具有很强的固氮能力。已知全世界豆科植物近2万种。根瘤菌是通过豆科植物根毛、侧根杈口（如花生）或其他部位侵入，形成侵入线，进到根的皮层，刺激宿主皮层细胞分裂，形成根瘤，根瘤菌从侵入线进到根瘤细胞，继续繁殖，根瘤中含有根瘤菌的细胞群构成含菌组织。根瘤菌进入这些宿主细胞后被一层膜套包围，有些菌在膜套内能继续繁殖，大量增加根瘤内的根瘤菌数，以后停止增殖，成为成熟的类菌体；宿主细胞与根瘤菌共同合成豆血红蛋白，分布在膜套内外，作为氧的载体，调节膜套内外的氧量。类菌体执行固氮功能，将分子氮还原成氨（NH_3），分泌至根瘤细胞内，并合成酰胺类或酰尿类化合物，输出根瘤，由根的传导组织运输至宿主地上部分供利用。根瘤菌与宿主的共生关系是：宿主为根瘤菌提供良好的居住环境、碳源和能源以及其他必需营养，而根瘤菌则为宿主提供氮素营养。

大豆、花生等属于豆科植物。它们的根瘤中，有能固氮的根瘤菌与之共生。根瘤菌将空气中的氮转化为植物能吸收的含氮物质，如氨，而植物为根瘤菌提供有机物。

根　瘤

根瘤菌的代谢类型为异养需氧型。

豆科植物幼苗期间的分泌物吸引了分布在其根附近的根瘤菌，使其聚集在根毛周围大量繁殖，随

豆科植物（大豆）

后，根瘤菌产生的分泌物使根毛卷曲、膨胀，并使部分细胞壁溶解。根瘤菌由壁被溶解处侵入根毛，在根毛中滋生，聚集成带，外被黏液和根细胞分泌的纤维素，形成侵入线。侵入线为管状结构，根瘤菌沿其侵入根的皮层并迅速在该处繁殖，皮层细胞受刺激亦迅速分裂，致使根部形成局部突起，即成根瘤。根瘤菌居于根瘤中央的薄壁细胞内，逐渐破坏其核与细胞质，本身转变为拟菌体；同时该区域周围分化出与根维管束相连的输导组织、外围薄壁组织鞘和内皮层。拟菌体通过输导组织从皮层细胞吸收碳水化合物、矿物盐类和水进行繁殖，并进行固氮作用。同时由于根瘤的脱落、残留以及一部分分泌到土壤中的氮，可以增加土壤肥力。生产上用豆科植物与其他作物间作、轮作，就是利用根瘤菌的固氮作用。

根瘤菌可以将大气中的无机氮转化为有机氮，但是它从植物体内获取营养，在生态系统中为消费者。

硝化细菌

硝化细菌是一种好气性细菌，能在有氧的水中或砂层中生长，并在氮循环水质净化过程中扮演着很重要的角色。它们包括形态各异的杆菌、球菌和螺旋菌。硝化细菌属于自营性细菌的一类，包括两种完全不同代谢群：亚硝酸菌属及硝酸菌属。

硝化细菌包括亚硝化菌和硝化菌。时至今日，人们尚未发现一种硝化细菌能够直接把氨转变成硝酸，所以说，硝化作用必须通过这两类菌的共同作用才能完成。亚硝化菌包括亚硝化单胞菌属、亚硝化球菌属、亚硝化螺菌属和亚硝化叶菌属中的细菌。硝化菌包括硝化杆菌属、硝化球菌属和硝化囊菌属中的细菌。

亚硝化菌和硝化菌在偏碱性的条件下生长，它们在土壤中常常相互伴随

硝化细菌常用来净化鱼缸水质

着生存，并且生长得都比较缓慢。亚硝化菌和硝化菌对于能源物质的要求都十分严格：前者只能利用氨，后者只能利用亚硝酸。亚硝化菌的代谢产物是亚硝酸，亚硝酸是硝化菌进行同化作用所必需的能源物质。我们知道，亚硝酸对于人体来说是有害的，这是因为亚硝酸与一些金属离子结合以后可以形成亚硝酸盐，而亚硝酸盐又可以和胺类物质结合，形成具有强烈致癌作用的亚硝胺。然而，土壤中的亚硝酸转变成硝酸后，很容易形成硝酸盐，从而成为可以被植物吸收利用的营养物质。所以说，硝化细菌与人类的关系十分密切。

青　霉

感染青霉的桔子

青霉一般指青霉属，为分布很广的半知菌纲中的一属，和曲霉属有亲缘关系，有200多种，代表种是灰绿青霉，从土壤或空气中很易分离，分枝成帚状的分生孢子从菌丝体伸向空中，各顶端的小梗产生链状的青绿—褐色的分生孢子。根据分生孢子顶端的膨大与否，与曲霉属相区别。其语源来自其形状（帚状）。子囊壳为封闭型。该属菌产生一种特殊物质。自从弗莱明发现特异青霉能产生抑制细菌生长物质青霉素以来，已对该属菌的很多种进行了研究。特异青霉已被用于制造青霉素，但不具这种生产机能的种还很多，同时，其生产也并不限于青霉属，如已知在生理学方面类似曲霉属，同时有很多能产生毒枝菌素。

青霉菌属多细胞，营养菌丝体无色、淡色或具鲜明颜色。菌丝有横隔，

分生孢子梗亦有横隔，光滑或粗糙。基部无足细胞，顶端不形成膨大的顶囊，其分生孢子梗经过多次分枝，产生几轮对称或不对称的小梗，形如扫帚，称为帚状体。分生孢子球形、椭圆形或短柱形，光滑或粗糙，大部分生长时呈蓝绿色。有少数种产生闭囊壳，内形成子囊和子囊孢子，亦有少数菌种产生菌核。

青霉的孢子耐热性较强，菌体繁殖温度较低，酒石酸、苹果酸、柠檬酸等饮料中常用的酸味剂又是它喜爱的碳源，因而常常引起这些制品的霉变。

自然界中已发现的青霉绝大多数以无性繁殖的方式繁衍后代，即分生孢子萌发为菌丝体，在气生菌丝上产生分生孢子梗，在分生孢子梗上串生许多分生孢子，分生孢于在适宜环境中又萌发为菌丝体，以此循环反复。

镰刀菌

在分类学上，镰刀菌无性时期原属于半知菌亚门，有性时期为子囊菌亚门。根据《菌物词典》2001 年第 9 版，镰刀菌属于无性真菌类，有性时期为子囊菌门。自从 1809 年首先在锦葵科植物上发现第一株镰刀菌，定名粉红镰刀菌以来，镰刀菌的种类已发现约 44 种和 7 个左右变种。它们分布极广，普遍存在于土壤及动植物有机体上，甚至存在于严寒的北极和干旱炎热的沙漠，属于兼寄生或腐生生活。

被镰刀菌感染的植物

镰刀菌的有性时期分别属于肉座菌科的赤霉属、丛赤壳属、丽赤壳属和小赤壳属等。大部分种类在培养基上较少形成子囊壳，而且有些种类至今未发现有性时期，因此在镰刀菌鉴定上主要根据无性时期的形态特征。

镰刀菌是一类世界性分布的真菌，它不仅可以在土壤中越冬越夏，还可侵染多种植物（粮食作物、经济作物、药用植物及观赏植物），引起植物的根腐、茎腐、茎基腐、花腐和穗腐等多种病害，寄主植物达 100 余种。它侵染寄主植物维管束系统，破坏植物的输导组织维管束，并在生长发育代谢过程中产生毒素危害作物，造成作物萎蔫死亡，影响产量和品质，是生产上防治最艰难的重要病害之一。

根足虫

根足虫分为灯海绵目、心室海绵科，生存在白垩纪晚期，分布在欧洲。生活在6000米或更深的泥质基层中。

根足虫是根足纲原生动物。本纲动物有3种形式的伪足用于行动和消化：①细长的网状足，能黏结成网；②不黏合的丝状足，与网状足相似；③钝形手指状舌状伪足壳（保护骨架）。

根足虫呈漏斗状，是玻璃海绵中的一种，其结构与其他化石海绵的结构差异很大。它们硅化的骨骼有骨针的敞口式结构，其中4～6条线互成直角，从而形成一个长方形的网路。在玻璃海绵中，六辐海绵是一个很重要的属，根足虫是其中的一个成员，它们的形式多变。但有一共同的特征是它们骨针的形式和壁上有许多被不规则排列的狭缝状吸入排出沟所穿透。它们的基底是放射状“根”的固定器，根足虫的形状有高窄的花瓶状和扁平敞口的蘑菇状等。

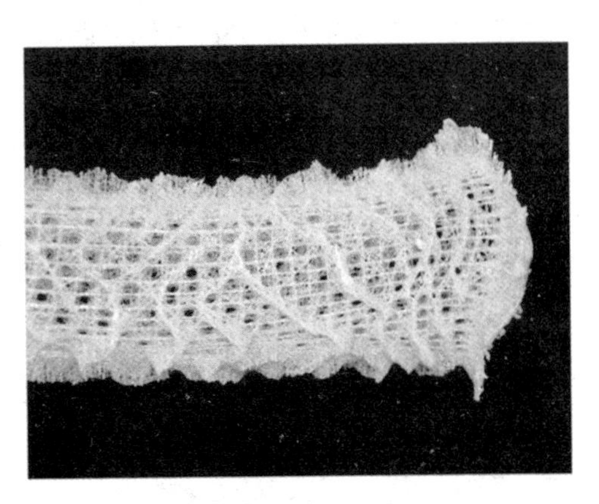

玻璃海绵

知识小链接

磷　脂

磷脂，也称磷脂类、磷脂质，是含有磷酸的脂类，属于复合脂。磷脂是生物膜的主要成分，分为甘油磷脂与鞘磷脂两大类，分别由甘油和鞘氨醇构成。磷脂为两性分子，一端为亲水的含氮或磷的尾，另一端为疏水（亲油）的长烃基链。由于此原因，磷脂分子亲水端相互靠近，疏水端相互靠近，常与蛋白质、糖脂、胆固醇等其他分子共同构成脂双分子层，即细胞膜的结构。

◎漂浮在空气中的微生物

硫细菌

硫细菌在生长过程中能利用溶解的硫化合物，从中获得能量，且能把硫化氢氧化为硫，并再将硫氧化为硫酸盐的细菌。从名称上看，它包括了硫氧化菌和硫酸盐还原菌，但通常仅指硫氧化菌。

按取得能量的途径可将硫细菌分为光能营养菌和化能营养菌两种。光能营养菌产生细菌叶绿素和类胡萝卜素，呈粉红、紫红、橙、褐、绿等色，都是厌氧光合菌，多栖息于含硫化氢的厌氧水域中。化能营养菌都是不产生色素的好氧菌，栖息于含硫化物和氧的水中，能将还原性硫化物氧化成硫酸。已获得纯培养的硫细菌有硫杆菌属、硫微螺菌属和硫化叶菌属等3属。硫化叶菌属是硫细菌中较特殊的一类。它不仅嗜酸（最适生长酸碱度范围为pH值2~3），而且还嗜热（最适生长温度为70℃~75℃）。硫细菌是自然界中硫元素循环中不可缺少的一环。

硫矿石

硫细菌分布于空气、土壤、淡水、咸水、温泉和硫矿中。菌的类型多样，有的是丝状，如贝氏硫细菌、发硫菌；有的是单细胞，如一些无色硫细菌；有的靠鞭毛运动，如硫小杆菌、硫化叶菌；有的无鞭毛靠滑动进行运动，如某些贝氏硫细菌；有的是严格化能自养型；有的是兼性自养型；有的菌虽能氧化硫化物成硫酸，但在体内不积累硫磺粒，如硫杆菌中的许多种属，习惯上称这类菌为硫化细菌；而有的菌能在体内积累硫磺粒，当环境中缺少硫化氢等物时，体内硫磺进一步氧化成硫酸，这类菌习惯上称为硫磺细菌。以上均为化能自养型。此外还有利用光能的自养型，菌体内含有光合色素，如紫硫细菌和绿硫细菌，它们在厌氧条件下，在利用光合色素进行不产氧的光合作用过程中，氧化硫化氢成硫酸，并能在细胞内外形成硫磺粒，故亦称为硫磺细菌，通常在光线充足并含有硫化氢的厌氧环境中生长良好。土壤硫细菌的活动，能提高土壤各种矿物质的溶解性，并能同时抑制某些对酸敏感的病原菌的生长。某些土壤中施用硫磺，可通过促进硫细菌的活动提高土壤酸度，从而改良碱性土壤。硫细菌还可用于细菌浸矿。

微球菌属

微球菌属拉丁学名为 *Micrococcus cohn*，细胞球形，直径 0.5 ~ 2 微米，成对、四联或成簇出现，但不成链。革兰阳性。罕见运动，不生芽孢。严格好氧。菌落常有黄或红的色调。具呼吸的化能异养菌，常产生少量酸或不产酸；通常生长在简单的培养基上。接触酶阳性，氧化酶常常是阳性的，但往往是很弱的。通常耐盐，可在 5% 氯化钠（NaCl）环境中生长。含细胞色素，抗溶菌酶。最适温度 25℃ ~ 37℃。最初出现在脊椎动物皮肤和土壤中，但从食品和空气中也常常能分离到。DNA 的 G + C mol% 为 64 ~ 75。模式种有藤黄微球菌。

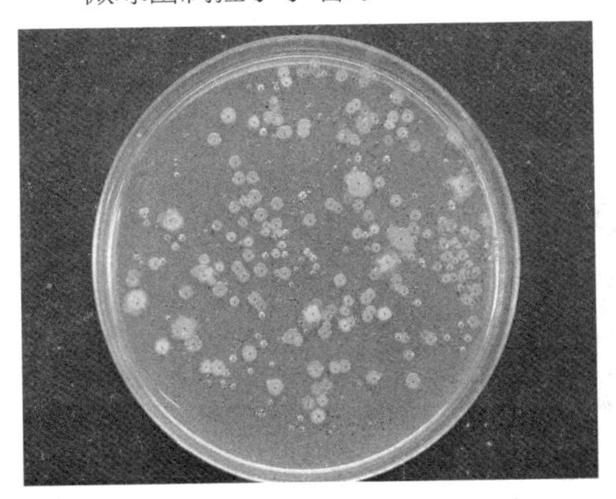

藤黄微球菌

真菌孢子

真菌病是由真菌引起的感染性疾病，真菌是广泛存在于自然界的一类真核细胞生物，具有真正的细胞核和细胞器，不含叶绿素，以寄生和腐生方式吸取营养，能进行有性和无性繁殖。真菌的基本形态是单细胞个体（孢子）

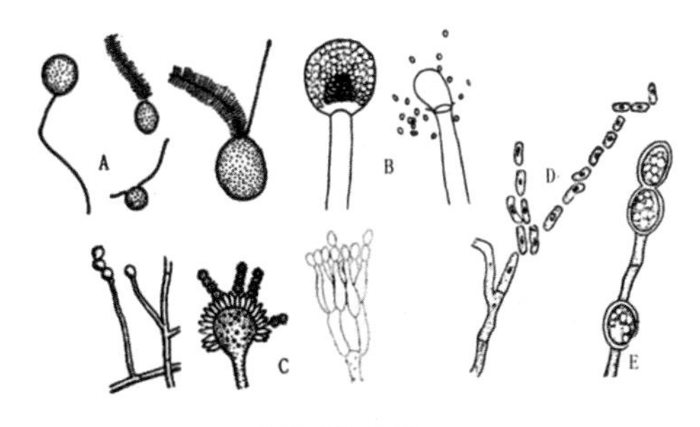

真菌的孢子

和多细胞丝状体（菌丝）。全世界已记载的真菌有10万种以上，其中绝多数对人类无害，只有少数真菌（约200种）与人类疾病有关。真菌在自然界或25℃培养时呈菌丝形态，而在组织中或在37℃培养时则呈酵母形态，称为双相真菌。

结核杆菌

结核杆菌细长略弯曲，端极钝圆，大小(1～4)×0.4微米，呈单个或分枝状排列，无荚膜、无鞭毛、无芽胞。在陈旧的病灶和培养物中，形态常不典型，可呈颗粒状、串球状、短棒状、长丝状等。结核杆菌一般常用抗酸性染色法染色，结核杆菌染成红色，其他非抗酸性细菌及细胞浆质等呈蓝色。结核杆菌的抗酸性与胞壁内所含分枝菌酸残基和胞壁固有层的完整性有关。

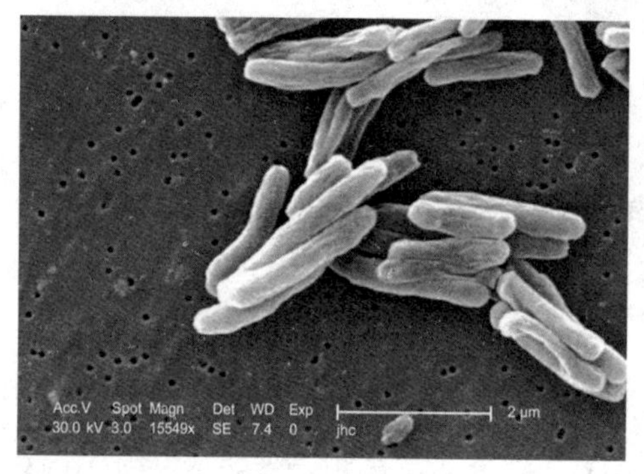

结核杆菌

结核杆菌为专性需氧菌。营养要求高，在含有蛋黄、马铃薯、甘油和天门冬素等的固体培养基上才能生长。最适pH值为6.5～6.8，最适温度为37℃，生长缓慢，接种后培养3～4周才出现肉眼可见的菌落。菌落干燥、坚硬、表面呈颗粒状、乳酪色或黄色，形似菜花样。在液体培养内呈粗糙皱纹状菌膜生长，若在液体培养基内加入水溶性脂肪酸，可降低结核杆菌表面的疏水性，呈均匀分散生长，此有利于作药物敏感试验。

结核杆菌对某些理化因子的抵抗力较强。在干痰中存活6～8个月，若黏附于尘埃上，保持传染性8～10天。在浓度3%盐酸（HCl）或氢氧化钠（NaOH）溶液中能耐受30分钟，因而常以酸碱中和处理严重污染的检材，杀死杂菌和消化黏稠物质，提高检出率。但对湿热、紫外线、酒精的抵抗力弱。在液体中加热至62℃～63℃，经15分钟，直射日光下2～3小时，75%酒精内数分钟即死亡。

结核杆菌无内毒素，也不产生外毒素和侵袭性酶类，其致病作用主要靠菌体成分，特别是胞壁中所含的大量脂质。脂质含量与结核杆菌的毒力呈平行关系，含量愈高毒力愈强。

结核杆菌的致病作用可能是细菌在组织细胞内顽强增殖引起炎症反应，以及诱导机体产生迟发型变态反应性损伤。结核杆菌可通过呼吸道、消化道和破损的皮肤黏膜进入机体，侵犯多种组织器官，引起相应器官的结核病，其中以肺结核最常见。

肺炎支原体

肺炎支原体是人类支原体肺炎的病原体。支原体肺炎的病理改变以间质性肺炎为主，有时并发支气管肺炎，称为原发性非典型性肺炎。

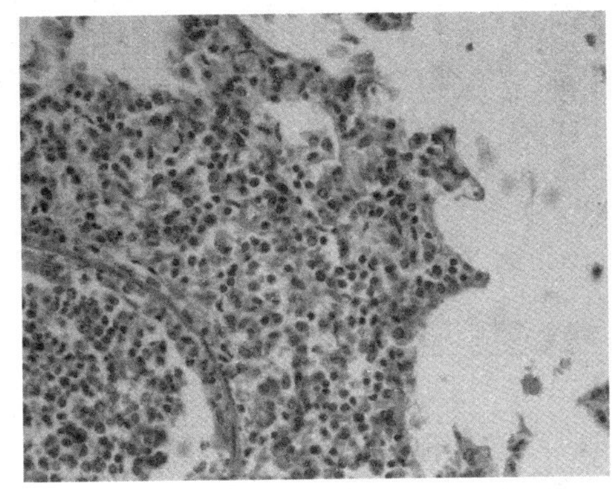

肺炎支原体

肺炎支原体的致病首先通过其顶端结构黏附在宿主细胞表面，并伸出微管插入胞内吸取营养、损伤细胞膜，继而释放出核酸酶、过氧化氢等代谢产物引起细胞的溶解、上皮细胞的肿胀与坏死。诱发机体产生的抗体也可能参与了上述病理损伤。呼吸道分泌的 IgA 对再感染有一定防御作用，但不够牢固。

肺炎支原体不同于普通的细菌和病毒，它是能独立生活的最小微生物。支原体肺炎全年均可发病，以秋冬季多见。它由急性期患者的口、鼻分泌物经空气飞沫传播，引起呼吸道感染。其发病主要与室内活动增加及密切接触有关。支原体感染也可表现为咽炎、气管支气管炎。

肺炎支原体感染人体后，经过 2 ~ 3 周的潜伏期，继而出现临床表现，约 1/3 的病例也可无症状。它起病缓慢，发病初期有咽痛、头痛、发热、乏力、肌肉酸痛、食欲减退、恶心、呕吐等症状。发热一般为中等热度，2 ~ 3 天后出现明显的呼吸道症状，突出表现为阵发性刺激性咳嗽，以夜间为重，咳少量黏痰或黏液脓性痰，有时痰中带血，也可有呼吸困难、胸痛。发热可持续

2～3 周，体温正常后仍可遗有咳嗽。

支原体肺炎患者胸部 X 线检查变化很大，病变可很轻微，也可很广泛。体征轻微而胸片阴影显著，是本病特征之一。血常规检查白细胞高低不一，大多正常，有时偏高。支原体肺炎的临床表现和胸部 X 线检查并不具特征性，单凭临床表现和胸部 X 线检查无法做出诊断。若要明确诊断，需要进行病原体的检测。目前，国内支原体肺炎的诊断主要依靠血清学检测。

知识小链接

叶绿素

叶绿素，是一类与光合作用有关的最重要的色素。光合作用是通过合成一些有机化合物将光能转变为化学能的过程。叶绿素实际上见于所有能光合作用的生物体，包括绿色植物、原核的蓝绿藻（蓝菌）和真核的藻类。叶绿素从光中吸收能量，然后能量被用来将二氧化碳转变为碳水化合物。

◎ 食品中的微生物

好食脉孢菌

好食脉孢菌是脉孢菌属，因子囊孢子表面有纵形花纹，犹如叶脉而得名，又称链孢霉。

它具有疏松网状的长菌丝，有隔膜、分枝、多核；无性繁殖形成分生孢子，一般为卵圆形，在气生菌丝顶部形成分枝链，分生孢子呈桔黄色或粉红色，常生在面包等淀粉性食物上，故俗称红色面包霉。脉孢菌的有性过程产生子囊和子囊孢子，属异宗配合。一株菌丝体形成子囊壳原，另一株菌丝体的菌丝与子囊壳原的菌丝结合，两株菌丝中的核在共同的细胞质中混杂存在，反复分裂，形成很多核；两个异宗的核配对，形成很多二倍体核，每个结合的核包在一个子囊内；子囊里的二倍体核经两次分裂形成 4 个单倍体核；再经一次分裂，则成为 8 个单倍体核，围绕每个核发育成一个子囊孢子。每个子囊中有 8 个子囊孢子。

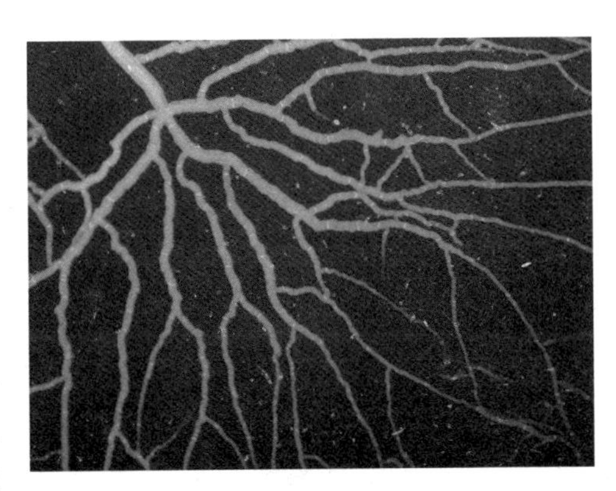
好食脉孢菌的菌丝

此时，子囊壳原发育成子囊壳。子囊壳圆形，具有一个短颈，光滑或具松散的菌丝，褐色或褐黑色，在一般情况下，脉孢菌很少进行有性繁殖。

脉孢菌是研究遗传学的好材料。因为它的子囊孢子在子囊内呈单向排列，表现出有规律的遗传组合。如果用两种菌杂交形成的子囊孢子分别培养，可研究遗传性状的分离及组合情况。脉细菌在生化途径的研究中也被广泛应用。此外，其菌体内含有丰富的蛋白质、维生素 B_{12} 等。脉孢菌有的用于发酵工业；有的可造成食物腐烂，最常见的菌种如粗糙脉孢菌、好食脉孢菌。

黑根霉

感染黑根霉的植物

黑根霉是真菌的一种，人们常利用它的糖化作用，比如甜酒曲中的主要菌种就是黑根霉。

黑根霉也称匐枝根霉，分布广泛，常出现于生霉的食品上，瓜果蔬菜等在运输和贮藏中的腐烂及甘薯的软腐都与其有关。黑根霉是目前发酵工业上常使用的微生物菌种。黑根霉的最适生长温度约为28℃，超过32℃不再生长。

梭状芽孢杆菌

梭状芽孢杆菌为厌氧性革兰阳性杆菌，是引起罐装食品腐烂的主要菌种，解糖嗜热梭状芽孢杆菌可分解糖类引起罐装水果、蔬菜等食品产生气性变质。

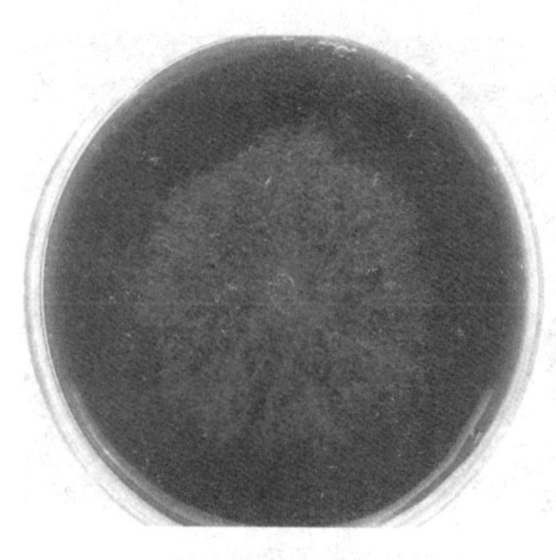

梭状芽孢杆菌

腐败梭状芽孢杆菌可以引起蛋白质食物的变质。肉类罐装食品中最重要的是肉毒梭状芽孢杆菌，其芽孢产生在菌体的中央或极端，芽孢耐热性极大，能产生很强的毒素。

梭状芽孢杆菌属的成员在自然界中是一种非常独特的种类，当其进入到反刍动物体内时，常会引起肌肉和软组织感染、肠道疾病和神经中毒性疾病。梭状芽孢杆菌引起反刍动物发病的机理通常是间接地通过其产生的一种或多种毒素（毒蛋白质）来致病。

肉毒杆菌

肉毒杆菌是一种生长在缺氧环境中的致命细菌，在罐头食品及密封腌渍食物中具有极强的生存能力，在繁殖过程中分泌毒素，是毒性最强的蛋白质之一。人们食入和吸收这种毒素后，神经系统将遭到破坏，出现头晕、呼吸困难和肌肉乏力等症状。

肉毒杆菌 A 型毒素毒性极强，它能破坏一种名为 SNAP－25 的蛋白质，从而切断神经细胞间的通信使肌肉麻痹。肉毒杆菌 A 型毒素的这一功能已被用于治疗斜视和肌肉痉挛等，后来整容医师开始用这种毒素麻痹面部肌肉以达到除皱效果。

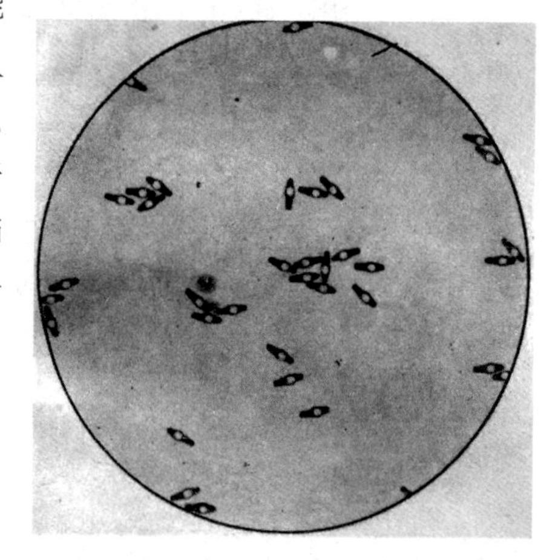

肉毒杆菌

意大利的一个研究小组进行了利用肉毒杆菌 A 型毒素治疗癫痫症的实验。他们给患有癫痫症的老鼠大脑一侧注射毒素，结果却在老鼠大脑另外一侧也意外发现了这种毒素。研究人员随后给正常的小鼠及大鼠的眼睛、须部及大脑注射毒素。SNAP－25蛋白质追踪研究结果表明，肉毒杆菌A型毒素可从注射部位向周边神经系统移动，有时能到达脑干部位。

美国媒体此前曾报道过肉毒杆菌毒素除皱致人死亡的事件，美国食品和药物管理局已就此开始调查。尽管新研究结果再次使人对肉毒杆菌毒素除皱的安全性产生怀疑，但也有科学家认为不必过分担忧。美国内华达大学的神经科学家克里斯托弗·范巴塞尔德说，只要注射不过量，肉毒杆菌毒素可以安全使用。

乳酸菌

凡是能从葡萄糖或乳糖的发酵过程中产生乳酸菌的细菌统称为乳酸菌。这是一群相当庞杂的细菌，至少可分为18个属，共有200多种。除极少数外，其中绝大部分都是人体内必不可少的，且具有重要生理功能的菌群，其广泛存在于人体的肠道中。已被生物学家证实，肠内乳酸菌与健康长寿有着非常密切的直接关系。

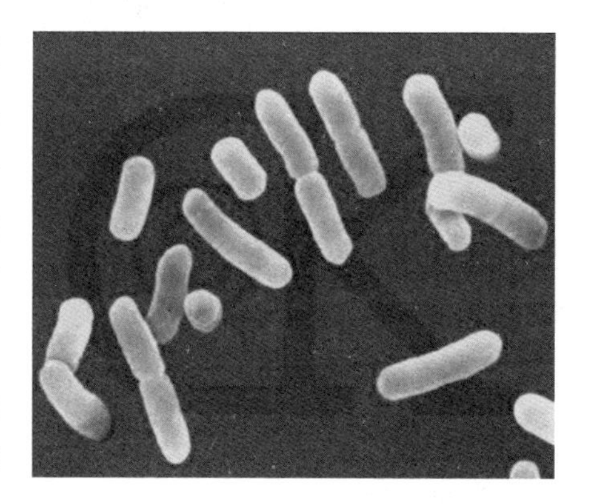

乳酸菌

乳酸菌是一种存在于人类体内的益生菌。乳酸菌能够将碳水化合物发酵成乳酸，因而得名。益生菌能够帮助消化，有助人体肠脏的健康，因此常被视为健康食品，添加在酸奶之内。在人体肠道内栖息着数百种的细菌，其数量超过百万亿个。其中对健康有益的叫益生菌，以乳酸菌、双歧杆菌等为代表，对人体健康有害的叫有害菌，以大肝杆菌、产气荚膜梭状芽胞杆菌等为代表。益生菌是一个庞大的菌群，有害菌也是一个不小的菌群，当益生菌占优势时（占总数的80%以上），人体则保持健康状态，否则处于亚健康或非健康状态。乳酸菌对人的健康与长寿非常重要。

乳酸菌大多数不运动，少数以周毛运动。菌体常排列成链。乳酸链球菌族，菌体球状，通常成对或成链。乳酸杆菌族，菌体杆状，单个或成链，有

时成丝状、产生假分枝。

乳酸菌多数为同型发酵，如链球菌属，是与人类关系密切的重要菌群，有些菌是人和温血动物的致病菌；有些是人体的正常菌群存在于口腔和肠道；有些是乳制品及植物发酵食品中的常用菌，常在食品工业中使用，如乳链球菌。少数为异型发酵，如肠膜状明串珠菌是制药工业上生产右旋糖酐（即代血浆）的重要菌种，但也是制糖工业的一种害菌，常使糖汁发黏稠而无法加工。

酸　奶

乳酸菌大多数是工业上，尤其是食品工业中的常用菌种。存在于乳制品，发酵植物食品如泡菜、酸菜，青贮饲料，及人的肠道（尤其是乳儿肠道）中。乳酸菌发酵原理是在酶的催化作用下将葡萄糖转化为乳酸，同时放出能量提供给其自身生命活动。

工业生产乳酸常用高温发酵菌。例如德氏乳酸杆菌，最适生长温度为45℃，此菌工业上广泛应用。

醋酸杆菌

醋酸杆菌是一类能使糖类和酒精氧化成醋酸等产物的短杆菌。醋酸杆菌没有芽孢，不能运动，好氧，在液体培养基的表面容易形成菌膜，常存在于醋和含醋的食品中。工业上可以利用醋酸杆菌酿醋、制做醋酸和葡萄糖酸等。

醋酸杆菌的细胞椭圆或短杆，（0.8～1.2）微米×（1.5～2.5）微米，单生或成对，偶尔成短链；细胞端尖或平；革兰阳性；运动，亚极生的单鞭毛或两根鞭毛；不产芽孢；极端严格好氧，化能无机营养，氧化氢、还原二氧化碳生成乙酸。也可营化能有机营养，发酵果糖几乎只产生乙酸，乙酸是代谢的有机终产物。不产生接触酶。最适生长温度30℃。广泛分布于水生的厌氧环境中。

参与醋酸发酵的微生物主要是细菌，统称为醋酸细菌。它们之中既有好氧性的醋酸细菌，例如纹膜醋酸杆菌、氧化醋酸杆菌、巴氏醋酸杆菌、氧化醋酸单胞菌等；也有厌氧性的醋酸细菌，例如热醋酸梭菌、胶醋酸杆菌等。

冰醋酸

厌氧性醋酸细菌进行的是厌氧性的醋酸发酵，其中热醋酸梭菌能通过 EMP 途径发酵葡萄糖，产生 3M 醋酸。好氧性的醋酸发酵是制醋工业的基础。制醋原料或酒精接触醋酸细菌后，即可发酵生成醋酸发酵液供食用，醋酸发酵液还可以经提纯制成一种重要的化工原料——冰醋酸。厌氧性的醋酸发酵是我国用于酿造糖醋的主要途径。

可怖的病毒

◎古老的病毒

天花病毒

最早有纪录的天花病是在古埃及，公元前 1156 年去世的埃及法老拉美西斯五世的木乃伊上就有被疑为是天花皮疹的痕迹，最后有记录的天花感染者是 1977 年的一位医院工人。1980 年 5 月世界卫生组织宣布人类成功消灭天花。这样，天花成为最早被彻底消灭的人类传染病，同时，人类对天花的了解也是最少的。

天花病毒有不同的种类，对人类会造成不同程度的感染。大多数的天花患者会痊愈，死亡情形常发生在发病后 1 ~ 2 周内，约有 30% 的死亡率。

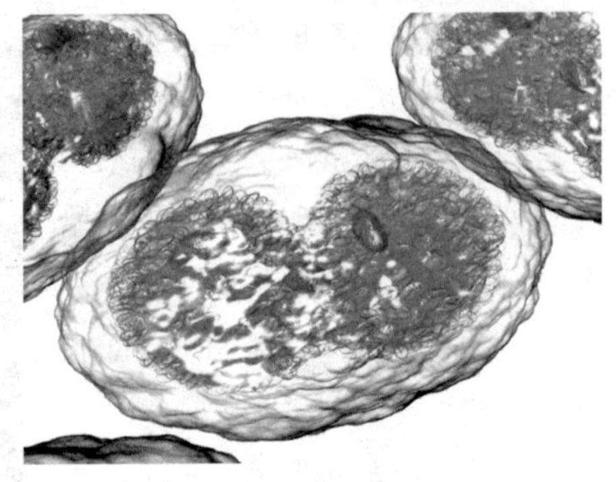

显微镜下的天花病毒

采用接种的方法来预防天花由来已久，中国古代的名医孙思邈就用取自天花口疮中的脓液敷着在皮肤上来预防天花；到明代以后，人痘接种法盛行起来。1796年，英国乡村医生爱德华·詹纳发现了一种危险性更小的接种方法，他成功地给一个8岁的男孩注射了牛痘。现在的天花疫苗也不是用人的天花病毒，而是用牛痘病毒做的，牛痘病毒与天花病毒的抗原绝大部分相同，而对人体不会致病。

由牛痘病毒引起的天花是一种严重的、传染性强的、并会引起死亡的疾病。研究人员发明了一种诊断方法，可用于精确地检测天花病毒。天花疫苗可保护人体在接种后长达数十年的时间里免受病毒侵扰。

狂犬病毒

狂犬病是由狂犬病毒引起的人畜共患的传染病。早在1884年病毒发现之前，法国科学家巴斯德就发明了狂犬疫苗。

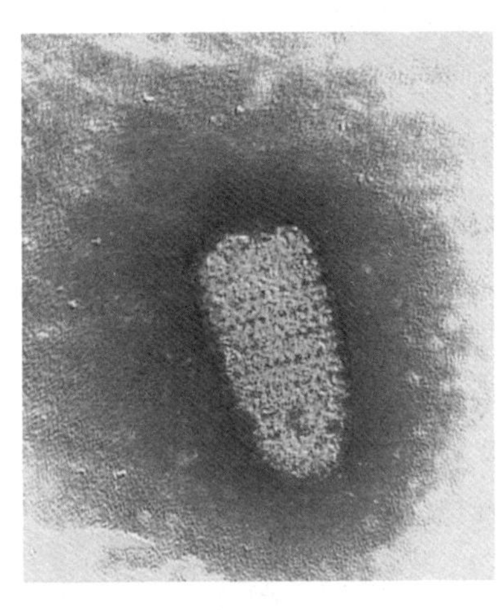

狂犬病毒

狂犬病毒属于弹状病毒科弹状病毒属。是引起狂犬病的病原体。外形呈弹状，核衣壳呈螺旋对称，表面具有包膜，内含有单链RNA。病毒颗粒外有囊膜，内有核蛋白壳。囊膜的最外层有由糖蛋白构成的许多纤突，排列比较整齐，此突起具有抗原性，能刺激机体产生中和抗体。病毒含有5种主要蛋白（L、N、G、M1和M2）和2种微小蛋白。L蛋白呈现转录作用；N蛋白是组成病毒粒子的主要核蛋白，是诱导狂犬病细胞免疫的主要成分，常用于狂犬病病毒的诊断、分类和流行病学研究；

G 蛋白是构成病毒表面纤突的糖蛋白，具有凝集红细胞的特性，是狂犬病病毒与细胞受体结合的结构，在狂犬病病毒致病与免疫中起着关键作用；M1 蛋白为特异性抗原，并与 M2 构成细胞表面抗原。

狂犬病毒具有两种主要抗原：一种是病毒外膜上的糖蛋白抗原，能与乙酰胆碱受体结合使病毒具有神经毒性，并使体内产生中和抗体及血凝抑制抗体，中和抗体具有保护作用；另一种为内层的核蛋白抗原，可使体内产生补体结合抗体和沉淀素，无保护作用。

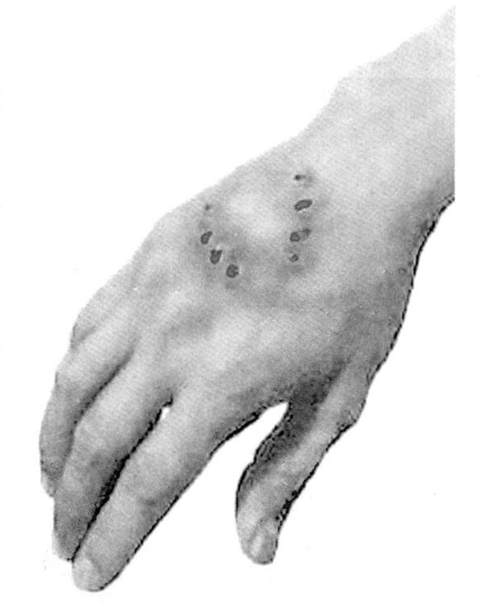
被犬咬伤的部位

由于狂犬病毒产生的危害较为严重，因此应当做好防范工作。对犬、猫等宠物应严加管理，定期进行疫苗注射；人被狂犬咬伤，应立即清洗伤口，可用 20% 肥皂水、去垢剂、含胺化合物或清水充分洗涤。清洗后，尽快注射狂犬病毒免疫血清。另外，现在已经有科学家在研究一些神经毒素，用来治疗由狂犬病毒等寄生在人体神经系统的病毒引起的疾病。

麻疹病毒

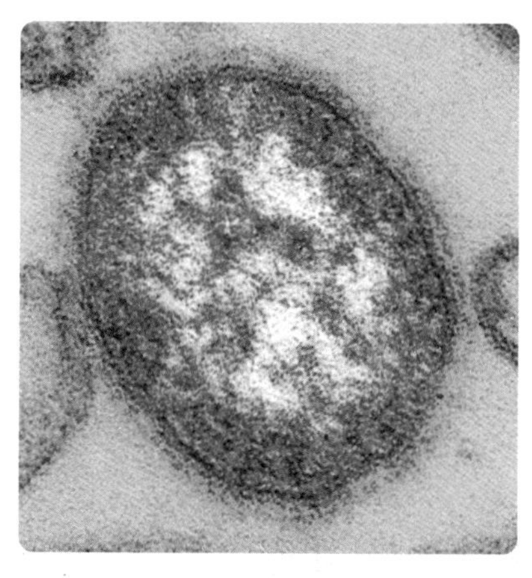
麻疹病毒

麻疹病毒属副黏病毒属，属于副黏病毒科麻疹病毒属的麻疹病原病毒。质粒具被膜，为球状，直径 120 ~ 250 毫微米。能凝集猴红细胞。人类 1954 年成功地分离到病毒。乙醚易使病毒钝化。核衣壳形成于感染细胞的细胞质内，形成后移向细胞表面，然后再以出芽方式成长，感染力很强。病毒存在于患者的痰、鼻、咽腔分泌物中，以飞沫传染，引起上呼吸道的卡他症状和结膜炎，并于口颊黏膜上产生特

有的白斑（Koplik 斑），以后并于皮肤上出现红色斑丘疹。在病理学上随着巨细胞和核内、质内包涵体的出现，特异性病变扩展到全身淋巴组织和黏膜上。该病是在儿童期感染麻疹病毒后到青春期才发作，表现为中枢神经系统疾病，在脑组织中用电镜可查到麻疹病毒，有人认为这些病毒可能是麻疹病毒的缺陷病毒。在麻疹的预防上推广使用弱毒株疫苗。

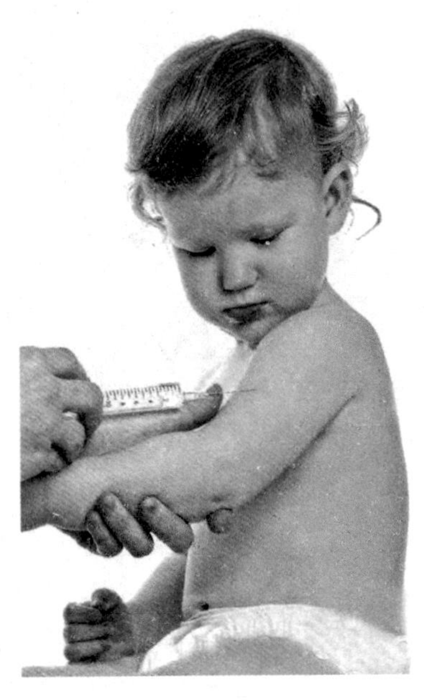

接种麻疹疫苗

麻疹病毒呈球状，内核为单链 RNA，螺旋对称，有包膜，其上含血凝素。麻疹是小儿常见的传染病，传染性强，发病率高，并易与支气管性肺炎或脑膜炎并发，患并发症者病死率高。麻症病毒只有一种血清型，世界各地分离的麻疹病毒的抗原性均相同，因此有患过麻疹病毒者的抗原性均相同，所以患过麻疹的人，恢复后一般有终身的免疫力。在人工培养的条件下，病毒的致病性可发生变异，如将病毒在鸡胚上培养传代多次后，就会减弱对人的致病性，但仍保持免疫性。目前应用的麻疹疫苗就是通过组织培养所获得的减毒毒株制备的。预防麻疹感染的措施是接种疫苗。随着疫苗接种的推广，麻疹的发病率已明显下降，病死率也大幅度下降。

腮腺炎病毒

流行性腮腺炎是由腮腺炎病毒引起的急性、全身性感染，多见于儿童及青少年。以腮腺肿大、疼痛为主要临床特征，有时其他唾液腺亦可累及。脑膜炎、睾丸炎为常见合并症，偶也可无腮腺肿大。

腮腺炎病毒属副黏病毒科。病毒呈球形，直径为 100 ~ 200 纳米。包膜上有神经氨酸酶、血凝素及具有细胞融合作用的 F 蛋白。该病毒仅有一个血清型，因与副流感病毒有共同抗原，故有轻度交叉反应。从患儿唾液、脑脊液、血、尿、脑和其组织中均可分离出病毒，在猴肾、人羊膜和 Hela 细胞中均可增殖。

本病病毒通过直接接触、飞沫、唾液污染食具和玩具等途径传播；四季都可流行，以晚冬、早春多见。目前国内尚未开展预防接种，所以每年的发病率很高，以年长儿和青少年发病者为多，两岁以内婴幼儿少见。通常潜伏期为 12～22 天。在腮腺肿大前 6 天至肿后 9 天从唾液腺中可分离出病毒，其传染期则约自腮腺肿大前 24 小时至消肿后 3 天。20%～40% 腮腺炎患者无腮腺肿大，这种亚临床型的存在，造成诊断、预防和隔离方面的困难。

腮腺炎病毒经口、鼻侵入机体后，在上呼吸道上皮细胞内繁殖，引起局部炎症和免疫反应，如淋巴细胞浸润、血管通透性增加及 IgA 分泌等。然后，增殖后的病毒进入血循环，发生病毒血症，播散入不同器官，如腮腺、中枢神经系统等。在这些器官中病毒再度繁殖并再次侵入血循环，散布至第一次未曾侵入的其他器官，引起炎症，临床呈现不同器官相继出现病变的症状。

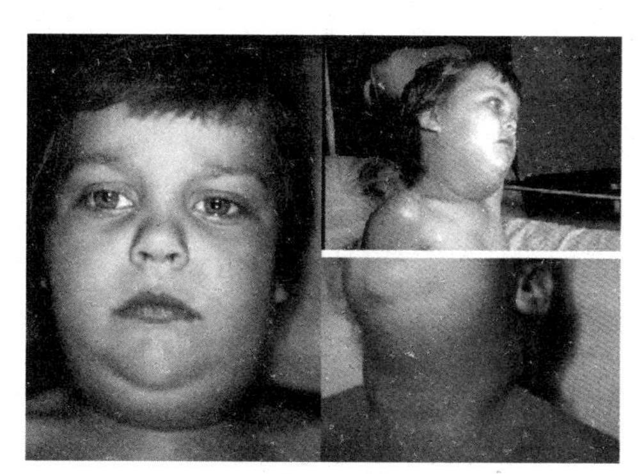

腮腺炎的临床表现

风疹病毒

风疹是一种由风疹病毒引起的通过人气传播的急性传染病，以春季发病为主。1940 年澳大利亚风疹流行，次年出生的新生儿发生白内障者明显增加。1964 年美国发生一次风疹大流行，致使此后的 2 年中出生了 3 万多名畸形儿，代价是惨重的。

风疹病毒属节肢介体病毒中的披盖病毒群，为风疹的病原病毒。病毒粒子具多形性，50～85 纳米，有包被。粒子中含有分子量为（2.6～4）$\times 10^{6}$ 的 RNA（感染性核酸）。乙醚和 0.1% 的脱氧胆酸盐可使其钝化，在热中亦弱化。在兔或猪等动物的肾细胞中或某些细胞株中可增殖。由于这些细胞中一

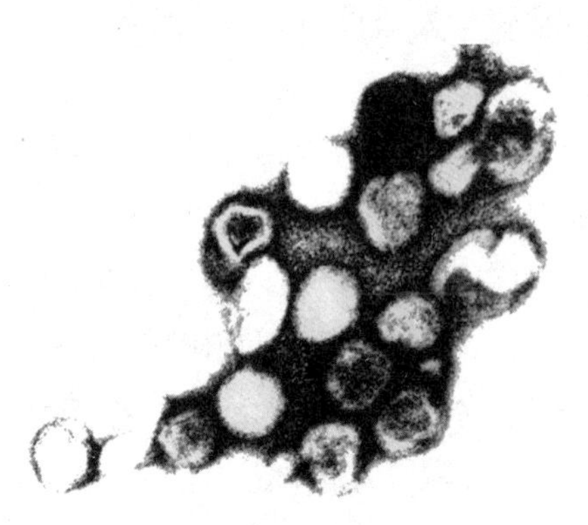

风疹病毒

般不出现细胞变性，是否能够增殖，主要利用它干扰肠变胞病毒等增值的性质来判断。通过患者鼻咽分泌物的飞沫直接传染，经 14 ~ 21 天潜伏期后，后头部、耳后部、颈部等处的淋巴节肿大，发热，并且 1 ~ 2 日后，颜面和头部出现风疹，并顺次扩大到颈部、躯干部和四肢，约经 3 日消退。如妊娠初期罹患风疹，胎儿常发生白内障、小眼球症、重听、心脏病和小头症等先天性异常。人是病毒唯一自然宿主。

预防风疹病毒的关键是减少与风疹病人的接触，不要与风疹病人面对面地谈话。孕妇应尽量避免去公共场所。如果孕妇接触了风疹患者，5 天内应注射大剂量的胎盘球蛋白，进行被动免疫。如果孕妇在妊娠头 3 个月内确诊患了风疹，则需要考虑进行人工流产。风疹初愈的育龄妇女 6 个月内最好不要怀孕。

知识小链接

干扰素

干扰素（IFN），是一种广谱抗病毒剂，并不直接杀伤或抑制病毒，而主要是通过细胞表面受体作用使细胞产生抗病毒蛋白，从而抑制乙肝病毒的复制；同时还可增强自然杀伤细胞（NK 细胞）、巨噬细胞和 T 淋巴细胞的活力，从而起到免疫调节作用，并增强抗病毒能力。干扰素是一组具有多种功能的活性蛋白质（主要是糖蛋白），是一种由单核细胞和淋巴细胞产生的细胞因子，它在同种细胞上具有广谱抗病毒、影响细胞生长，以及分化、调节免疫功能等多种生物活性。

◎新发现的病毒

埃博拉病毒，又译作伊波拉病毒，是一种能引起人类和灵长类动物产生埃博拉出血热的烈性传染病病毒，有很高的死亡率，在 50% ~90% 之间。

埃博拉病毒通过血液和其他体液传播，与艾滋病相似。但艾滋病患者一般感染后尚可活上相当长的一段日子，而一旦染上埃博拉病毒，在经过病毒潜伏期后，先出现高烧、头痛、呕吐等症状，然后病人在备受几天腹泻和眼睛、耳朵、鼻子出血的折磨后，痛苦地死去，前后往往不到一星期。患者死亡率高达 80% 以上。埃博拉病毒是1976 年在扎伊尔埃博拉河附近一个名叫扬博科的小村庄首次发现的，并由此得名。那一年，埃博拉病毒在扎伊尔的 55 个村庄及其邻国苏丹、埃塞俄比亚流行，造成近千人死亡。

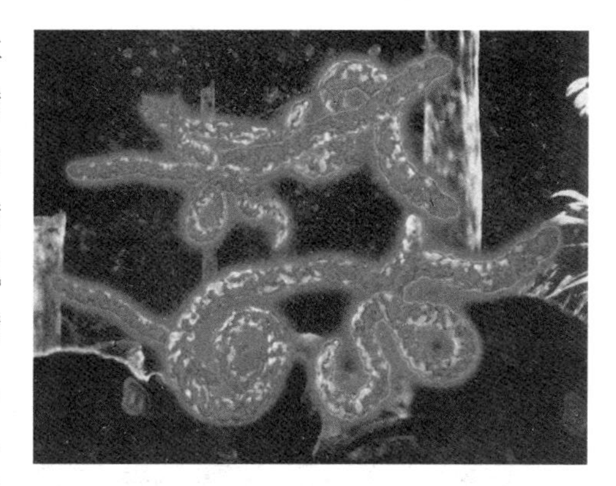

埃博拉病毒

埃博拉病毒是人畜共患病毒，尽管世界卫生组织投入巨资努力研究，但至今仍没有辨认出任何有能力在爆发时存活的动物宿主，目前认为果蝠是可能候选宿主。因为埃博拉病毒的致命力，加上目前尚未有任何有效疫苗，埃博拉被列为生物安全第四级（Biosafety Level 4）病毒。

专家们在研究中发现，埃博拉病毒有一定的耐热性，在 60℃ 的条件下经 60 分钟才能被杀死。病毒主要存在于病人的体液、血液中，因此对病人使用过的注射器、针头、穿刺针、插管等，均应彻底消毒，最可靠的是使用高压蒸气消毒。埃博拉病毒还可能经过空气传播。实验人员将恒河猴的头部露出笼外，让其吸入直径 1 微米左右含病毒的气雾，猴子 4 ~5 天后发病。每天与病猴密切接触的 6 个工作人员的血清发现该病毒抗体阳性，其中 5 人没有受过外伤，也无注射史，因此认为可通过空气传播。

艾滋病毒

人类免疫缺陷病毒有两种类型：HIV －1 和 HIV －2。通常艾滋病毒都是由 HIV －1 引起。两者都是由同一种模式导致感染与传播。HIV －2 在非洲地区是最常见的，如果感染了，其免疫缺陷可能会发展得更慢。HIV －1 更易感

染，如果从地理上来说，HIV－1 可以称为是变异。举例来说，甲变异仅限于北美地区，乙变异仅见于东南亚地区，这可能是由于生理上的差异造成的。

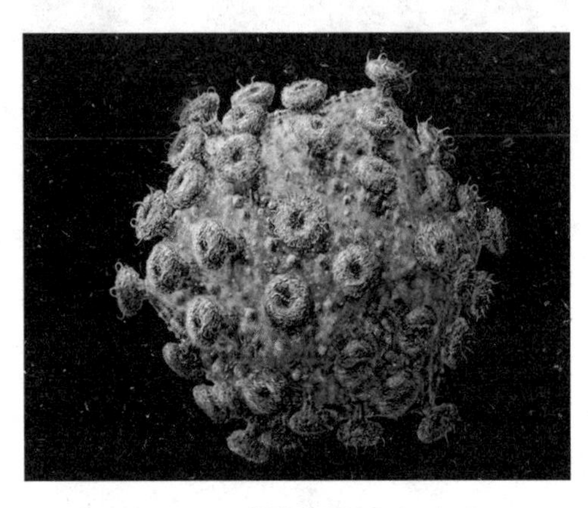

艾滋病毒

一个人若是受到病毒感染，一般情况下都是由 HIV－1 引起。即使双方 HIV 都呈阳性，也不可以有性行为或共用注射器针头。因为使两种病毒结合起来变异成一种新的艾滋病毒，感染后将更加难以治疗。

艾滋病毒呈阳性反应，女性怀孕期也会呈阳性，因此医生在检查时一定要格外注意，以减少病毒传给婴儿的风险。

人体免疫系统会遭到人类免疫缺陷病毒（HIV）的破坏，随着时间的变化，病毒会以惊人的速度蔓延至细胞，使细胞被破坏。刚被感染时，免疫系统还会催生出新的细胞来抵抗艾滋病毒的侵害，但最终免疫系统还是跟不上病毒的发展速度，导致被艾滋病毒吞没，这时艾滋病毒会使细胞减少至 200 左右。

人体感染 HIV 后，通常需要经历一段很长的潜伏期后才发病，其潜伏期一般为3～5年，有时更长至 8 年或更多。HIV 在感染机体中主要以潜伏或低水平的慢性感染方式而存于体内，当 HIV 因某些因素受到刺激后，使潜伏的 HIV 被大量激活致人死亡，大多患者在1～3年内便会死亡。

感染艾滋病后首先要做的就是要增强免疫系统，减少病毒负荷，尽可能地避免乙肝病毒感染。

肠道病毒 71 型

肠道病毒 71 型，简称 EV71。肠道病毒一般是以数字命名的，排列顺序代表着其发现的先后次序。按顺序，这种病毒被命名为肠道病毒 71 型。

肠病毒的流行与季节转换、环境变异有着极大的关联性，肠病毒只在夏季及初秋流行，每年 6～9 月为高峰期，气温过低的地区并不利于肠病毒生存。根据流行病学调查，肠病毒传染途径主要为粪—口传染，感染肠病毒的患者会经由粪便排出病毒，这些含有高浓度肠病毒的粪便会污染环境甚至地下水源，在公共卫生条件不佳的地区，极易经由污染的水源而散播。由于肠病毒除了在肠道外亦可在扁桃腺增殖，因此病患的唾液或口鼻分泌物也会带有高浓度的病毒，所以也会由空气或接触等途径传染。因此防治肠病毒流行除了重视个人卫生外，公共卫生及环境卫生亦不容忽视。

EV71 主要引起手足口病，还可引起无菌性脑膜炎、脑干脑炎和脊髓灰质炎样的麻痹等多种神经系统疾病。

加强免疫力，适当增加水果摄入量

病毒流行季节，除了要远离病毒外，加强自然免疫力，抵抗病毒也是必须的。这就要求我们适当增加新鲜蔬菜、水果的摄入量。同时，尽量选用具有抗病作用的食物，像大蒜、姜、绿茶、银耳、百合等。苹果能增加血液中白细胞的数量，猕猴桃富含大量的维生素 C，梨、菠萝、西瓜、草莓、葡萄、香蕉等应季水果也都有益于我们的免疫系统。

丰富多彩的水下生物

在地球广阔的海洋空间里，生活着大量难以计数的海洋生物，包括形形色色的海洋动物、海洋植物、微生物及病毒等，同样淡水中，也生存着大量种类繁多的生物，它们就是淡水生物。生活在淡水中的生物也十分庞大和繁杂，淡水生物以别样的风采在大自然中展示着自己的存在。

水下世界是个神秘的世界，水下生物是个神秘的群落。

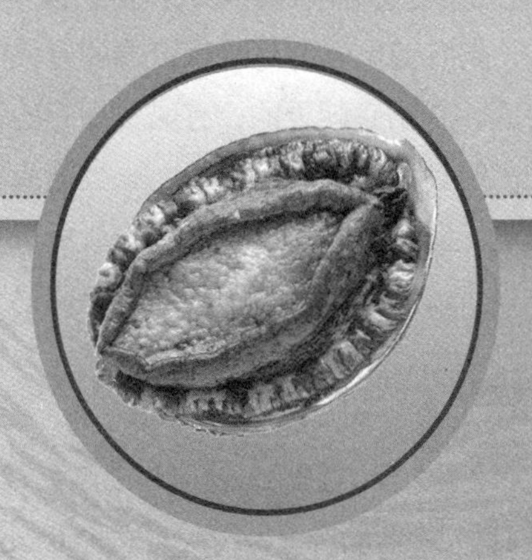

水下植物、微生物

◎海上草原

海底有“森林”，海上也有“草原”。1492 年 9 月 16 日，哥伦布率领探险队正在茫茫的大西洋上航行。忽然值班人员大声地叫喊起来：“船长！前面有片大草原，你们来看啊！”哥伦布一听感到奇怪，举目一看，万分惊讶，远方的确出现一片郁郁葱葱的大草原，几乎望不到头。哥伦布兴奋地说：“我们发现新大陆了！”他欣喜若狂地下令船队高速前进。但是，当他们驶近“草原”时，不禁大为失望，原来并不是什么“草原”，而是无边无际的海藻。更奇怪的是，这一带海面风平浪静，死水一潭，宛如幽静的内地湖泊一般。

15 世纪时的船没有动力机器，完全靠风帆作动力，空中没有风，海上全是茂密的草，船无法前进，哥伦布只好下令开辟航道。他们花了三个星期的时间，用刀割，用手捞，用人力划船，才冲出了这片可怕的“草原”。哥伦布把这片海取名为“萨加索海”，意思是“海藻海”，后来人们把它取名为“马尾藻海”，因为这些海草模样像马尾巴。

“马尾藻海”是舰船航行者的坟墓，有大批舰船误入其中，成了马尾藻的牺牲品。在这一海区，航海者见到的是阴森凄惨的景象，无数大小船只的残骸横七竖八地露在海面，有船底朝天的，有船头翘起的，有尾部朝天的，也有露出半截子桅杆的。船到达这个魔鬼海区，一旦被海藻缠住，就像被魔鬼抱住一样，十有八九要沉没。1894 年，有个名叫斯可特的帆船探险家，冒险进入“海上草原”后发现没有一丝风，四处是残骸船，一些黄绿色的海藻像大蟒蛇一样从四周爬到船上，十分恐怖。第二次世界大战时期，一个英国特工队的船进入这片海区，闻到令人恶心的海藻奇臭，伸手去拉海藻会黏手，胳膊腿被它碰到过都会留下血痕。到晚上，这些海藻会爬上船来。指挥官奥兹明只好叫士兵通宵达旦挥刀跟海藻搏斗，两天两夜后才逃出这片“海上草原”。

马尾藻海在美国东部海域，恰好在北大西洋环流中心，众所周知的百慕大三角区几乎全在这一海区内。有 1000 海里（1 海里约合 1852 米）宽，2000

海里长。北大西洋环流绕马尾藻海一圈，大约需要3年时间。从东面亚速尔群岛到西面巴哈马群岛的广阔海面上，分布着许多块“草原”，总面积达到450万平方千米。既蔚为壮观，又奇特得令人费解。为什么会在大洋中形成这片世外桃源般的“草原”呢？科学家们经过考察，终于发现跟大西洋环流有关。这股环流宽约60～80千米，深达700多米，流速每昼夜150千米。环流日夜奔流不息，像一堵旋转着的坚固墙壁，把马尾藻海从浩瀚大西洋中隔开。大西洋的水几乎流不进马尾藻海，而马尾藻海的水也流不出圈外，形成了一个广阔无垠的水上“世外桃源”。这个“海上草原”像只魔术箱，常常变出一些令人惊奇的现象。科学家们在探测中发现，马尾藻海的海平面，要比美国大西洋沿岸的海平面高出1米多，可是令人不解的是，那里的水却始终流不出去。

这些“海上草原”还有遁身法，神出鬼没，时隐时现，有时茂盛的水草突然失踪，有时又突然布满海面，景象神奇而又壮观。

科学家把百慕大三角区比作一头发怒的狮子，经常发怒，在环流圈外横行霸道；把马尾藻海比喻成一条在环流内冬眠的巨大蟒蛇。前者给人带来恐惧，后者给人神秘感。别看“草原”恬静而文雅，可是常常隐藏着杀机，发生过不止一次莫名奇妙的怪事。

1968年9月的一天，“海上草原”万里碧空，千里无云。一架代号为C132的客机飞越该海上空，乘客们正在兴致勃勃地观看壮观景象，弄不明白为何出现“海上草原”。可是，谁也没有想到，飞机突然失去控制，鬼使神差似的坠入海中，一声爆炸之后就消失了。1973年3月的一天，一艘摩托艇驶入“海上草原”，不久，海草像魔鬼似的从四面八方伸出黑手，把摩托艇拖下海去，神秘失踪了，连残骸也找不到，至今人们无法查清原因。

知识小链接

马尾藻

马尾藻是褐藻的一种。藻体分固着器、茎、叶和气囊四部分。固着器有盘状、圆锥状、假根状等。主干圆柱状，长短不一，向四周辐射分枝；分枝扁平或圆柱形。藻叶扁平，多数具有毛窝。气囊圆形、倒卵形或长圆形。雌雄同托或不同托、同株或异株。多生在近海中，可做饲料，又可用来制褐藻胶和绿肥。

◎海底菜园

在海藻植物中，还有很多种是人们餐桌上的菜肴，中国人最喜爱的就有3种：海带、紫菜、裙带菜。还有供凉拌的各种海藻制造的胶粉，有细毛石花菜、小石花菜、江蓠、扁江蓠、海萝、鹿角油萝等，人们把它们誉为“海上菜园”。

海　带

平时我们经常食用的是海带，又名叫昆布、海白菜，它原产于寒带和亚热带的海岩石上。我国首先在大连海域发现，水产专家进行研究培养，于1956年南移到舟山群岛，获成功之后又在全国推广。开始只能在透明的清海水中种植，在浑水中无法成长。后来水产专家又进行研究，终于解决了这个难题，可以在沿岸海域大批地种植。

海带喜生长在水层较深，水流畅通、水质肥沃、水温较低的海域里。适宜水温5℃～10℃、10℃～20℃还能继续生长。每年的11月至翌年5月是海带种植期，而6～9月是海带盛产期。海带为橄榄色，晒干后成为褐绿色。

种植的方法是筏式种植，即在天然的海域，让海带藻生长在网、绳索或竿上。种植时，把海带、紫菜或裙带菜按一定距离分别夹在绳子上，绳子绕在水中的浮架上，浮架用竹筒或玻璃球作浮子，将绳子两端固定在海底。这样藻类吸收海水中的养分而成长。

常吃海带能祛病延年。它含有3‰～7‰的碘，人体缺碘会引起甲状腺肿大。甲状腺内分泌甲状腺素，它具有兴奋交感神经、促进新陈代谢作用，使蛋白质、糖和脂肪的代谢加快，促进幼儿发育。如果人们在发育期内甲状腺功能衰退，就会发生幼儿呆小症：骨骼发育不全、身体矮小、智力差。反之，甲状腺功能亢进，就会产生心悸、发汗、易倦、粗脖子、手指颤动等现象。食海带还有降低血压的作用。海带含有甘露醇，可以降胆固醇、防心脑血管硬化。海带碱度大，还可对食物中肉食的酸性起中和作用。海带的褐藻酸有帮助排泄的作用，能防止便秘引起的癌疾。

美国科学家近年来在试验种植一种巨形海带，在大洋上大面积种植，用来提炼“生物石油”，开辟新能源之路。

裙带菜生命力极强，自发和种植都发展很快，一片片，一簇簇，不怕风吹浪打，生机盎然。更可贵的是，每年2~3月份，恰巧是北方蔬菜品种单调季节，它给市场和市民餐桌上带来了鲜气。

最常用于制作凉粉的海藻叫石花菜，老百姓又叫冻菜。多年生，紫色，具有复杂的羽状或不规则的分枝，一般高10~20厘米，常丛生于大潮干线附近，或者是潮下带5~6米的海底。在我国北海、东海、南海都有生长。种类也很多，有小石花菜、细毛石花菜、大石花菜和中石花菜等。它也是重要的工业原料，我国利用其生产的琼胶，不但历史悠久，而且畅销国际市场。

石花菜

海藻是制作海味凉粉的重要原料。制作海味凉粉很简单。首先将海石花菜洗净，用50~150克干石花菜加5~9千克水，放在锅里熬煮，煮成溶胶后，用纱布过滤，冷凝后就成凉粉了，加点糖和果汁等作料，就可以食用了，那可是下酒的好菜啊。

除石花菜制粉外，鸡毛菜、仙菜、江蓠等藻类也可制食用凉粉。这些菜在漫长的海域沿岸都能生长，一般都长在潮水波及的地方。

海中不但出产凉粉，而且还能直接生长粉皮。这种海藻真似一张张紫红色的粉皮，所以人们叫它粉皮菜。主要分布在我国黄海、渤海沿岸，是极好的副食品，每当夏秋生长季节，居民们都忙着去采集。有一种名叫锡兰的海膜的海粉皮，是台湾人民喜爱的一种食物。

每到春季，在海边朝阳的岩石上，还生长着一种十分奇特的海藻，形状

紫　菜

和颜色像一簇簇的牛毛，人们叫它海牛毛。它的学名叫海萝藻。既可食用当菜，又是工业原料。

值得一提的是紫菜，生长在海岸礁石边上，繁盛地区，整个礁石好像紫色地毯，在阳光下熠熠发光。这种海菜人们并不陌生，市场上到处可见。它的种类也很多，可分为甘紫菜、长紫菜、皱紫菜、坛紫菜、边紫菜和条斑紫菜等，营养价值都很高，做汤味鲜美，是我国人民最喜欢的汤菜。

海味植物做的菜实在太多，不可能样样说全。如果说海洋蔬菜同陆地蔬菜有什么区别的话，那就是海洋蔬菜颜色更绚丽多彩。

◎不可或缺的海洋细菌

在介于植物和动物之间有一种生命体，那就是肉眼难见的细菌。2001 年美国纽约和华盛顿在 9 月 11 日被恐怖分子袭击之后 1 个月，又出现炭疽菌生物的恐慌，美国政府生怕恐怖分子搞细菌战。但存在的细菌并不都是“坏蛋”，在海洋中的绝大多数细菌，对海洋是有益的，不可缺少的，它们形成了一座巨大的无形“化工厂”——分解海洋动物、植物的尸体，把有机物转变为无机物。这种分解和转变对海洋生命来说是极为重要的。没有这些细菌，海洋中的植物、动物也都活不成了。但这种状况是不会发生的，因为这座无形的“化工厂”每时每刻都在生产植物、动物所需要的各种元素。

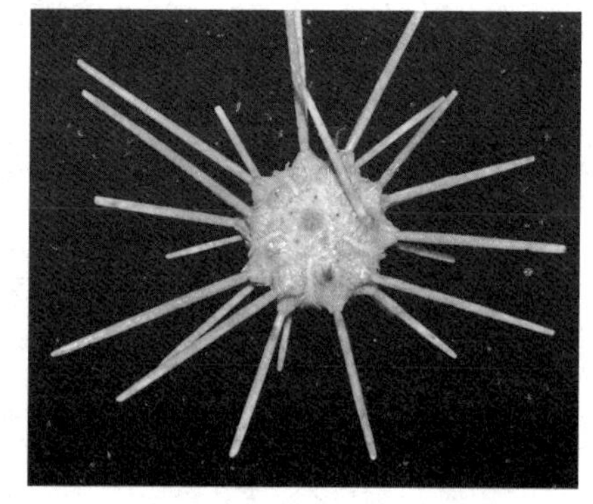

海洋细菌

植物要靠光合作用来生存和繁殖，要吸收海水中的养料盐类来维持生活。在海水中的氮、磷元素少到一定程度时，光合作用就无法进行，植物就难活命。假如养料盐类得不到补充，那海洋生物也要因缺食而绝迹了。因为有庞大的细菌群体存在，因此这种事情就不会发生。这些细菌有严密的分工，各司其职——腐败细菌把动植物尸体分解成氨和氨基酸，硝化细菌的职责是将氨和氨基酸氧化成为硝酸盐，硝酸盐是浮游植物制造有机物必须吸收的营养物质。在这个“化工厂”里还能生产出动植物需要的磷酸盐和大量植物需要的二氧化碳、氨和水。细菌还参与海洋的化学变化，使一些化合物沉到海底。因此，海底沉积物的性质和分布，与细菌大有关系，尤其是海底石油，要是没有细菌的参与是无法形成的。

细菌还能利用酶帮助动物消化。许多动物肠子里，1 毫升食物中就有几百万个细菌，形成庞大的“食品加工厂”。可见细菌这小生物，是海洋中不可或缺的成员。

知识小链接

硝化细菌

硝化细菌是一种好氧性细菌，包括亚硝化菌和硝化菌。生活在有氧的水中或砂层中，在氮循环水质净化过程中扮演着很重要的角色。硝化细菌属于自养性细菌，包括两种完全不同的代谢群：亚硝酸菌属及硝酸菌属，它们包括形态互异的杆菌、球菌和螺旋菌。亚硝酸菌包括亚硝化单胞菌属、亚硝化球菌属、亚硝化螺菌属和亚硝化叶菌属中的细菌。硝酸菌包括硝化杆菌属、硝化球菌属和硝化囊菌属中的细菌。

原始腔肠类动物

◎像花一样美丽的动物——珊瑚虫

珊瑚是海洋动物中的低等动物，长期以来被人们划为植物。人们对它的认识有一个相当长的历史过程。直到 1774 年有位法国科学家在北非沿海考察时，才发现像花一样的植物珊瑚，原来是一种贪食的动物。但是由于当时人

们的守旧和偏见，死活不信“动物说”，结果这位科学家的观点始终得不到承认，珊瑚还不能摘掉“虫植物”的帽子。直到19世纪40年代，人们依靠科学仪器才真正揭开珊瑚是动物的面貌。人们详细研究了珊瑚的胎胚发生，才发现珊瑚的骨骼是由珊瑚体的软体部分分泌而成的动物特性，这才摘掉珊瑚植物的“帽子”，还其动物本来的面貌。

珊 瑚

珊瑚动物现查明有6100余种，而能生成完整骨骼的只占少数。多数种类根本形不成骨骼系统，有的体内只有骨针骨片。在全球海洋中参与建筑造礁的珊瑚只有700余种，其中印度洋、太平洋的珊瑚绝大多数是造礁珊瑚，大西洋、加勒比海、古巴海域能造珊瑚礁的只有40余种。

根据动物系分类，珊瑚分成2大类：八放珊瑚亚纲和六放珊瑚亚纲。八放珊瑚，大多为掌状枝或扇状枝，也有的为块状，固着生活于热带和温带不同深度的海底，大多为非造礁珊瑚。八放珊瑚的骨骼分布在中胶层中，由骨针构成，它们多数不互相连接为骨骼系统。它们因为虫体内腔肠有8个隔膜，肠腔的外端口周围有8个羽状分枝的触手，根据这一特征，因此叫八放珊瑚。

六放珊瑚中的绝大多数为群体生活，由数以万计的珊瑚虫组成，你挨着我，我依附着你，肉连肉，骨连骨，构成一个浑然一体和睦相处的大家庭。每一个有柔软身躯的珊瑚虫都有一个石灰质的小洞穴，即珊瑚虫的小住宅。它们的体外都有外骨骼支撑着各自身体。每个小珊瑚虫的骨骼又有共骨把它们联系起来，构成各式各样千姿百态的珊瑚骨架。这些珊瑚虫被人们称为“水下建筑师”，是造礁的最出色的工程师。六放珊瑚虫口周围的触手数目为6的倍数，肠腔内的隔膜、骨隔片的总数也是6的倍数，因此被称为六放珊瑚。新生的珊瑚虫在死去的珊瑚骨骼上生长，日积月累就形成了千姿百态的珊瑚礁，有的生成树枝，枝条纤美柔韧；有像一朵朵蘑菇的石珊瑚；有像人脑一样的石脑珊瑚；有像鹿角的鹿角珊瑚；有似喇叭状的筒状珊瑚……颜色也五彩缤纷，有橙色、粉红、蓝、紫、白等色，五颜六色使海底成了美丽的花园。

珊瑚的触手很小，都长在口旁边，“肚子”里被分隔成若干小房间（消化腔），海水流过，把食物带进消化腔被吸收。珊瑚虫有从海洋里吸取钙质制造骨骼的本领。活的珊瑚死去了，新的又不断成长，日积月累，它们的石灰骨骼形成珊瑚礁、珊瑚岛。我国西沙、南沙群岛就是珊瑚建筑师们千万年来的丰功业绩。因此，无论岸礁、堡礁、环礁都是珊瑚“生团死聚”的结果。

知识小链接

珊瑚虫的面貌

珊瑚虫有水螅型（多细胞无脊椎动物，一般只有几毫米大小）个体，呈中空的圆柱形，下端附着在物体的表面上，顶端有口，围以一全圈或多圈触手。触手用以收集食物，可做一定程度的伸展，上有特化的细胞——刺细胞，刺细胞受刺激时翻出刺丝囊，以刺丝麻痹猎物。

◎绽放的海底菊花——海葵

有位潜水员，第一次到南海西沙去作业，当他潜入清澈的海底，一下子被眼前礁石上一丛丛鲜花惊呆了。五颜六色的“花朵”上，那一条条的花瓣，像舒展的菊花。天啊！大海底下哪儿来的这么多菊花啊？他忍不住伸出手去触摸它们，突然离他最近的一丛花，吱的一声吹出一股清水，那花瓣立即收藏起来，接着远处的花朵，好像接到了信息通报似的，所有艳丽的花朵都藏了起来，有的花朵还在礁上移来移去，成了会走路的花朵。

突然，一朵海菊花缓缓地移动起来，这位潜水员迅速伸手将其捉住。拿到眼前一看，原来这朵会走路的花长在一个螺壳上，螺壳里住着一个房客——寄居蟹。这位潜水员出水之后，好奇地请教船上一位海洋生物学家。专家就给潜水员讲起这些会移动的花朵——海葵的知识来了。

寄居蟹和海葵是一对好朋友，海葵能放出花瓣——触手，捕捉小动物，既保护了寄居蟹，又把食物供给它。寄居蟹可以携带海葵在海底旅行。这样，

两个朋友取长补短、互助互利就不愿分离了，甚至寄居蟹迁居时，也要把它的朋友搬到另一个螺壳上去。

海 葵

海葵身体柔软，里面没有骨骼，大都是“独身主义”，单个生活，不成群体。

海葵身体上端是个口盘，当中是扁平的口，周围生有一圈圈触手。各种海葵触手数目不等，里圈的触手先生出来，然后成6的倍数一圈圈向外顺序生出。绿海葵和橙海葵只有三四圈细小的触手。这些触手是捕食的武器，那上面长着无数刺细胞，能分泌毒刺丝。一些小鱼小虾被它柔软艳丽的触手所吸引，前来观赏，一旦碰上“花瓣”，触手上的毒细胞就会把小鱼小虾刺麻木，然后触手将其卷进口里吃掉。海葵还能利用它长长的触手“捞”海里的各种食物碎渣。

海葵的口经过扁平的口道与腔肠相连，它的口道两端有 2 个口道沟与外界相通。海葵吞下小鱼后，闭上口，将食物送入肠腔，肠腔里有许多对隔膜，负责消化吸收和繁殖。它的隔膜内边缘叫做隔膜丝，是有刺细胞，能杀死进入肠腔的小鱼小虾，还能分泌一种酶，消化食物。

一般的鱼怕海葵那无数的触手，但只有一种小丑鱼不怕，小丑鱼把其他鱼引诱到海葵触手间，海葵得到食物，小丑鱼也能分享一份美餐。有一种寄生虾也不怕海葵触手，因此它常跟海葵做伴，替海葵梳理触手，让它保持清洁，当然这种劳动也不是无报酬的，能换来“一日三餐”。

知识小链接

海葵的繁殖

海葵为雌雄同体或雌雄异体。在雌雄同体的种类中，雄性先熟。多数海葵的精子和卵是在海水中受精，发育成幼虫；少数海葵幼体在母体内发育。有些种类通过无性生殖，由亲体分裂为 2 个个体；还有些种类是在基盘上出芽，然后发育出新的海葵。

海葵常住在珊瑚丛和海底的泥沙上。它那圆筒形的身体下面有个底盘，可以将身体吸附到礁丛或泥沙上。在一个地方待得不耐烦了，也可以用底盘蠕动身体，慢悠悠地在附近“散散步”。如果要远行，那可就要请寄居蟹帮忙了，它依吸在寄居蟹的螺壳上，让其带着它旅行。海葵小的只有1毫米，大的有1米多。一般来讲，热带海洋里的海葵色彩漂亮，个体也大；寒冷海洋里的海葵色彩单调，个头也小。

软体类、甲壳类、棘皮类、头索类动物

◎雌雄不定的牡蛎

牡蛎又叫蚝、海蛎子，是一种最常见的海洋贝类动物。青岛人称其“海红”，大连人叫“海鸡蛋”，舟山人叫“淡菜”。牡蛎含有蛋白质45%～57%，脂肪7%～11%，肝糖19%～38%，此外还含有丰富的维生素和其他营养物质。它状似珍珠贝，肥大得像个小粽子，掰开一看，里面的肉是银白色的，又嫩又娇，古人称它为“东海夫人”。

牡蛎从小就生长在岩缝石头上，有植物根须一样的吸盘，牢牢地吸在岩石上，从来不动，就像海里的植物。它虽然生活在盐度极浓的海水里，但它的肉是清淡的、洁白的，营养价值很高，是一种高蛋白。经常吃能舒筋活血，防治高血压，健肠胃，因此名字中加个淡字也不能说是没有道理的。

牡　蛎

牡蛎以下壳固着岩石或其他物体上生长，一旦固着后，永远不移动，足部逐渐退化。牡蛎喜欢群居生活，自然栖息的牡蛎都是各个年龄的个体群聚而生。每年新生的个体以其前辈的

贝壳为固着基地，老的死去，新的又固着上去，以致形成“牡蛎桥”、“牡蛎山”。

这些固着生活的牡蛎，它们是如何传宗接代的呢？牡蛎长到 1 年就性成熟，开始了繁殖。不同种类繁殖季节也不同，如褶牡蛎繁殖期在 6 ~ 10 月，大连湾牡蛎约在 5 ~ 9 月，浙江一带则在 6 ~ 8 月。一般说来，牡蛎的繁殖期大都在该海区水温较高，海水比重较低的月份。性成熟的个体排放精子、卵子在海水中受精发育。幼体大约经过半个月的漂浮生活后，在条件适宜的地方附着，先由足丝腺分泌出足丝，再从体内分泌出胶黏物质，把自己的下壳牢牢地固着在岩礁上，开始了终生不动的固着生活。

牡蛎最大的特点是雌雄性别不定，有的产卵后变为雄性，有的排精后雄性状衰退又变成雌性。据海洋生物学家长期观察研究发现，牡蛎 1 年中有 2 次性变，真可谓“朝雌暮雄”。

我国养殖牡蛎历史悠久，从宋代开始就有“插竹养蚝”的记载。近年来，养殖牡蛎技术发展很快。日本一种名为“真牡蛎”的优秀良种，它具有壳薄、生长快、出肉率高的特点，只要养殖 8 个月就可上市，每平方千米产牡蛎肉可达 135 ~ 170 吨。

过去用绳编织“养贝长笼”，后来又用浮筒竹排木排来固定“养贝长笼”，往往都被风浪卷走，后来用水泥块来当死“锚”固定海底，也被风暴和冬季结冰损坏。

人们考察了海边的水下管道，里面有大量牢牢固着的牡蛎，但每条管道总是不会堵死，它们一般附着在端部，中间总是透光。专家们就利用牡蛎的这些特点，大胆研究出“蜂巢贝笼”。为便于牡蛎繁殖，经过试验，将原来的圆形贝笼改为六边形，与蜂房相似，这样的改动使其有效容积增加了 50% 以上。

蜂巢式养贝装置四周是管状框架，由玻璃纤维强化塑料制成，里面充填高性能泡沫塑料，并加以密封，框内则是排列整齐的可供充足饵料和氧气的蜂房贝笼，外观完全像个大蜂巢。它的上部联结浮筒，多片串联一起，颇为壮观。这种养殖方法，不但经济耐用，而且养出来的牡蛎不再有泥沙，质量好。

◎美丽的贝类——虎斑贝

只要你到过西沙、南沙，总想千方百计得到一只最漂亮的贝壳，那就是虎斑贝了。它是古代的货币，人们都叫它宝贝。

李时珍在《本草纲目》里说："'貝'字象形，其中二点像其齿刻，其下两点，像其垂尾。"《草本原始》记载说："贝子生东海池泽，大如拇指，顶色微白亦有深紫色者，上古珍之以为宝货，故贿、赂、贡、赋、赏、赠，凡属货者，字从贝意有在矣！"除这六字外，还有许多字与贝字有关，这说明"贝"在我国古代生活中所起的作用，它深入凡是需要用货币流通的每个领域。

虎斑贝

美丽的宝贝种类很多，个体较小的叫蛇首眼球贝，也有人叫它"纽扣贝"。最大的宝贝是虎斑贝，白色底子上缀着黑色或紫色的斑纹，外面有一层油光闪亮的珐琅质，令人悦目。这层珐琅质是怎么形成的呢？它是由宝贝的外套膜分泌而成。其他宝贝还有山猫眼宝贝、玉色宝贝、卵黄宝贝、阿文绶宝贝、货贝、环纹货贝等。最美丽、最大的虎斑贝约长 10 厘米。

宝贝不是所有海里都有的，它分布在热带和亚热带的海域，而且必须在潮间带水深数 10 米的海底。在我国主要分布在西沙、南沙群岛。

宝贝过着昼伏夜出的爬行生活。在爬行时，头部和足部从贝壳口伸出来。白天它躲藏在珊瑚礁的洞穴里或者在岩礁块下面，通常在黎明前、黄昏后出来觅食。因此，一般夜间捕捉它，收获较大。

◎贝类中的"海味之冠"——鲍鱼

鲍，一般人称其鲍鱼。它是名贵的海产品之一，素称"海味之冠"。它鲜而不腻，清而味浓，烧菜做汤，清香鲜嫩。

鲍　鱼

鲍鱼在古代有石决明、九孔螺、千里光等名称。我国古代记载的鲍鱼有2种：①杂色鲍，这是分布在我国东南沿海的贝种；②皱纹盘鲍，是分布我国北部沿海的唯一种类。鲍鱼其实不是鱼，而是一种贝壳类，因为它的形状似人耳朵，所以有的地方的人称其“海耳”，又因为它的壳上有9个孔，是它的触手伸出的地方，古人叫“九孔螺”。

鲍鱼喜欢生活在海水清澈、水流湍急、海藻丛生的海域，它利用肥大的肉足吸附于岩石上。鲍鱼的附着力是惊人的。因此，海里捕捉鲍鱼是件很麻烦的事。

应该如何捕捉呢？采鲍人必须趁其不备，骤然用铲子将其铲下，否则待其有准备，你就是把壳砸碎了，也休想把它从岩石上取下来。古时李时珍有记载说：“石决明，形如小蚌而扁，外皮其粗，细孔杂杂，内则光耀，背侧有孔如穿成者，生于石崖之上，海人泅水，乘其不意即易得之，否则紧粘难脱也。”古人蒋廷锡也有记载：“海人泅水取之，乘其不知用力，一捞则得，苟知觉，虽斧凿亦不脱矣！”可见我国古人对鲍鱼的形态、生活习性，以及捕捞方法都已有清楚的了解。

石决明

鲍鱼不仅是“海味之冠”，而且是重要药材——石决明。它除了可以治疗眼疾外，尚有清热、平肝息风的功效，可应用于治疗头晕眼花和发烧引起的手足痉挛、抽搐等症。

◎海中“变色龙”——海兔

有位潜水员，在水下作业时，突然在礁谷里看到一只兔子伏在海草中，这使他万分惊奇，海底怎么会有兔子呢？出水后他带着问题请教了海洋生物学家。

专家说，海兔的确存在，但跟陆兔完全不同，它是一种无脊椎的软体动物，跟贝壳和海蛎子是一家。只是天长日久，它的贝壳退化成了薄又透明的角质层，被包围在外套膜里了。人们之所以叫它海兔，是根据形象取名的。海兔头部长着2对触角，前面一对是管触觉的，比较短小些；后面一对是管嗅觉的，比较细长。当它静止时，嗅觉器官就伸了出来，好像是兔子耳朵，因此就取名“海兔”了。

海　兔

海兔有个特殊本领，对周围环境有惊人的适应能力。它可以随食物颜色而改变。如果海兔食用的海藻是红色的，那么它的体色就变成玫瑰红色。如果海兔到别的地方食用的是绿藻、褐藻，那么它的体色很快变成棕绿色或黑色。

专家说，海兔变色适应环境，有利于保护自己，可以减少敌害的袭击。海兔还有一种特别的自卫手段，它会喷射和分泌2种腺液：①紫色腺，一遇敌害就分泌出来，使周围海水变为紫色，借以逃避敌害；②毒腺，位于外套腔前部，一旦受到刺激就会分泌一种带酸味的乳状液体，它有一种叫人恶心的气味，也是用来防敌害的。

◎“白住房客”——寄居蟹

在西沙，守岛的战士们跟寄居蟹展开了一场“战争”。战士们千辛万苦在

珊瑚石上开出地，种上菜，眼看绿绿的菜长出几寸高了。夜里下了一场小雨，战士们老早起来了，大家都以为菜遇甘露一定长得快。可是，当战士们来到菜地时，大家一看都傻眼了，全部菜苗都在根部被剪断了，这捣蛋鬼不是别人，就是寄居蟹。

在西沙，每当潮水退后，广阔的沙滩上，到处可以看到许多背上驮着各种斑纹、色彩绚丽、五光十色螺壳的小动物在沙滩上爬来爬去。当你临近它们时，它们就迅速地缩进螺壳一动不动，这种动物就是寄居蟹。因为它们都定居在可以随身携带的“房子”——螺壳里，寄居蟹的名字也由此而生。

寄居蟹的体形、构造和生活方式都比较特别，腹部柔软的螺旋体盘曲在螺壳里，利用它的尾巴把身体后端钩在螺壳的顶部。头前有 2 个状如钳子的螯足，左右螯足在身体缩进螺壳里时，大螯足挡住螺壳的门口御外敌。瘦长的第一、第二步足是爬行工具。

寄居蟹逐渐长大，原来的螺壳住不下了，它们还能够随时调换较大的新房。找到大小适合的螺壳，寄居蟹只用钳状螯足伸入螺壳中试探一下，如果满意了，它就很快把身体安置在这个新房中。不管新房还是旧房，寄居蟹在居住过程中，从不交房租，所以山东沿海一带的老百姓称寄居蟹叫“白住房”。

别看寄居蟹小，在非洲欧罗岛上，一只大海龟竟被它们生吞活剥地吃掉了。这是怎么一回事呢？原来那只海龟上岸来产蛋，拼命地挖洞，结果钻进一个树根洞里出不来了。这时一群群寄居蟹发起攻击，用大螯足钳咬海龟，2 个小时后，这只海龟被咬死了，4 个小时后，竟被寄居蟹吃得精光。

寄居蟹分布在热带、亚热带和温带海域。它们的肉不能吃，没有多少经济价值，然而在动物学分类史上却占有一席重要的地位。

◎ 神奇的食肉动物海星

海星属于棘皮动物门海星纲，下分海燕和海盘车 2 科，不过人们都俗称其为海星或星鱼。

海星主要分布于世界各地的浅海底沙地或礁石上。海星看上去不像是动物，而且从其外观和缓慢的动作来看，很难想象出，海星竟是一种贪婪的食肉动物，它对海洋生态系统和生物进化还起着非同凡响的作用。这也就是它为何在世界上广泛分布的原因。

海星与海参、海胆同属棘皮动物，它们通常有 5 个腕，但也有 4 个和 6 个的，有的多达 40 个腕，在这些腕下侧并排长有 4 列密密的管足。用管足既能捕获猎物，又能让自己攀附岩礁，大个的海星有好几千管足。海星的嘴在其身体下侧中部，可与海星爬过的物体表面直接接触。海星的体型大小不一，小到 2.5 厘米，大到 90 厘米；体色也不尽相同，几乎每只都有差别，最多的颜色有橘黄色、红色、紫色、黄色、青色等。

海　星

人们一般都会认为鲨鱼是海洋中凶残的食肉动物，而有谁能想到栖息于海底沙地或礁石上、平时一动不动的海星，却也是食肉动物呢？不过现实就是这样。由于海星的活动不能像鲨鱼那般灵活、迅猛，因此它的主要捕食对象是一些行动较迟缓的海洋动物，如贝类、海胆、螃蟹、海葵等。它捕食时常采取缓慢迂回的策略，慢慢接近猎物，用腕上的管足捉住猎物并用整个身体包住它，将胃袋从口中吐出，利用消化酶让猎物在其体外溶解并被其吸收。

当潮水退去时，我们常可以在海滩上拾到手掌大小的五角形动物，这就是海星。它体色鲜艳，身体匀称，从位于中心的体盘部向周围放射出 5 个腕，每个腕都是身体的一个对称轴，体内各个器官系统也都各呈相应的 5 辐结构。海星背部微隆，腹部平坦并且有 5 条步带沟，沟内生有若干缓缓蠕动的管足，里面充满液体。这是海星特有的水管系统的主要部分，也是运动器官。5 条步带沟的交汇处就是海星的口。

海星有很强的再生能力，它任何一个腕脱落后都能再生，腕内各器官也能再生，但再生腕往往比原先的小，因此可以发现畸形的海星。如果将海星的一个腕捉住，不久这个腕就在与体盘相连处断裂，海星弃腕逃脱。

海盘车是黄海、渤海常见的肉食性海星，形似五角星，体略扁平，腕较长，管足上有吸盘。运动时用吸盘吸住地面，把整个身子支撑起来，然后一

海盘车

个筋斗就翻过来。沙海星是一种镶边的海星，腕心长，但腕足上无吸盘，运动时两腕伸直，抬高体盘，先以腕前端的管足插入沙中定位，然后腕离地使身体重心超越支面，随之倾倒。

瘤海星体表长着瘤状的棘，骨骼较硬，动作不自如，只好把腕向上顺势并拢，似开花瓣，然后倾倒复位。面包海星运动时也很有趣，它先让身体一侧膨胀，自然侧位，然后轻而易举地翻过身来。

海星看似温文尔雅，与世无争，其实时常欺凌弱小动物，大量吞食蛤类、小鱼，甚至六亲不认，连自己的嫡亲子孙及同族亲眷也是其果腹之物。海星食性各不相同，如海盘车，主食贻贝、牡砺、杂色蛤等具有经济价值的贝类。

海盘车吃贝类时，先用腕管足将其握住，使贝类壳顶朝下，然后将贝壳剥开，海盘车随之翻出囊状壁薄的胃，把贝类的软体部分包住吃掉。长棘海星的再生能力强弱因种而异，沙海星可由 1 厘米长的腕长成一个完整的新个体，而海盘车则必须有部分体盘保留下来方能再生。

我们已知海星是海洋食物链中不可缺少的一个环节。它的捕食起着保持生物群平衡的作用，如在美国西海岸有一种文棘海星，时常捕食密密麻麻地依附于礁石上的海虹。这样便可以防止海虹的过量繁殖，避免海虹侵犯其他生物的领地，以达到保持生物群平衡的作用。在全世界有大约 2000 种海星分布于从海间带到海底的广阔领域。其中以从阿拉斯加到加利福尼亚的东北部太平洋水域分布的种类最多。

在自然界的食物链中，捕食者与被捕食者之间常常展开生与死的较量。为了逃脱海星的捕食，被捕食动物几乎都能做出逃避反应。有一种大海参，每当海星触碰到它时，它便会猛烈地在水中翻滚，趁还未被海星牢牢抓住之前逃之夭夭。扇贝躲避海星的技巧也较独特，当海星靠近它时扇贝便会一张一合地迅速游走。有种小海葵，每当海星接近它时，它便从攀附的礁石上脱离，随波逐流，漂流到安全之地。这些动物的逃避能力是从长期进化中产生的，避免了被大自然淘汰的命运。

尽管海星是一种凶残的捕食者，但是它们对自己的后代都温柔之至。海星产卵后常竖立起自己的腕，形成一个保护伞，让卵在伞内孵化，以免被其他动物捕食。孵化出的幼体随海水四处漂流以浮游生物为食，最后成长为海星。

全世界大概有1500种海星，大部分的海星，是通过体外受精繁殖的，不需要交配。雄性海星的每个腕上都有1对睾丸，它们将大量精子排到水中，雌性也同样通过长在腕两侧的卵巢排出成千上万的卵子。精子和卵子在水中相遇，完成受精，形成新的生命。

有研究者发现，一些海星具有季节性配对的习性，即雄性海星趴在雌性海星之上，五只腕相互交错。这种行为被认为与生殖有关，但其真正的功能则尚未被确认。

海星没有特化的眼睛，它每一只腕足的末端有1个红色的眼点，这里可能是它光线的重要感觉区。大多数海星是负趋光性，不喜欢光亮，所以大多在夜间活动。海星虽没有眼睛，但身上有很多化学感受器，可以察觉水中食物来源，很快找到食物。在此系统中，每个辐射腕内有一主要的管道，且皆和位于口区的管道相连。多数的海星，位于身体表面的多孔板子与圆形管道相接，或许可让水流进入体内与体液相混。由每个主要管道延伸出来，短而位于侧面的小管将水分输入送到管足。每个管足都有1个壶腹，此为一肌肉质的构造。当壶腹收缩，其内的液体被迫进入管足，使其伸长。管足可持续改变其形状，因水管系统内的液体可借由肌肉的活动持续不断地传入管足中。

海星浑身都是“监视器”。海星缘何能利用自己的身体洞察一切？原来，海星在自己的棘皮皮肤上长有许多微小晶体，而且每一个晶体都能发挥眼睛的功能，以获得周围的信息。科学家对海星进行了解剖，结果发现，海星棘皮上的每个微小晶体都是一个完美的透镜，它的尺寸远远小于现在人类制造出来的透镜。海星棘皮中的无数个透镜都具有聚光性质，这些透镜使海星能够同时观察到来自各个方向的信息，及时掌握周边情况。海星棘皮具有高度

感光性，它能通过身体周围光的强度变化决定采取何种隐蔽防范措施，另外还能通过改变自身颜色达到迷惑“敌人”的目的。海星身上的这种不寻常的视觉系统还是首次被发现。仿制这种微小透镜将使光学技术和印刷技术获得突破性发展。

◎海中“刺猬”——海胆

曾有人在浅海里找活贝壳时，在一块礁石底下发现一只颜色很美丽像刺猬似的动物。伸手抓它，没有想到有根刺刺进了手心肉里。这一下很快手心红肿，痛得浑身冒大汗，夜里还发起烧来。

后来当地人告诉说，这种浑身长刺的动物叫海胆，无论抓它还是吃它都要当心，因为它的刺有毒。

海胆长着一个圆圆的石灰质硬壳，全身武装着硬刺，一般海洋中的动物都不敢惹它，因此有海中“刺猬”的称誉。

海 胆

在海胆的口腔内有个特殊的咀嚼口器——亚里士多德提灯。这个名字听起来古怪陌生，其实来源于一位学者的名字，因为这个咀嚼器，很像古代的提灯，这个器官是学者亚里士多德发现的，因此就产生了这个名字。这是海胆捕食和咀嚼食物的唯一的途径。其间还生着些纤细透明的小脚——管足。海胆靠这些脚移动着它的硬壳。它们体表都有石灰的硬棘，所以属于棘皮类动物。

海胆种类很多，全世界有800余种，能供人们食用的只有少数种。在我国有棘球海胆、紫海胆、白棘三列海胆和毒刺海胆。吃海胆不是吃它的肉，而是吃它的生殖腺和海胆卵黄。

海胆一般在夏秋两季捕捞，这时海胆里面包着一腔橙黄色的卵，卵在硬壳里排列得像个五角星。海胆卵是一种特殊佳肴，可以油炒鲜食，还可以和鸡蛋、肉类炒在一起，鲜美的味道使人念念不忘。山东半岛产一种“云胆酱”，畅销中外，就是用海胆卵制成的。白棘三列海胆，主要产地在南海，西沙、南沙也很多，它跟紫海胆不同，是红色的，棘刺又短又尖，卵也十分鲜肥。

吃海胆千万要小心，要防止中毒。一般有毒的海胆颜色都格外美丽，如环刺海胆，它的粗刺上有黑白条纹，细刺为黄色。幼小的环刺海胆更美，刺上像白色、绿色的彩带，闪闪发光，在细刺的尖端生长着倒钩，一旦刺入人的皮肤，就像毒针注入人体，皮肤立时会红肿疼痛，会出现心跳加快、全身痉挛等中毒的症状。

◎“吃里扒外”的盲鳗

夕阳下，渔民们正忙着收拢鱼网，鱼肥网重，人们压抑不住丰收的喜悦。然而事情常常出人意料，体形很大的鱼一掂量却轻得令人难以置信。再细看网里的鱼，表面完好无损，可是全是死的，多半里面已被蚀空，只剩下一张皮和骨头了。是谁偷走了鱼肉呢？手段还如此高明？经过侦察，原来这起海上盗窃案的肇事者竟是一些个头不大、没有眼睛、形同鳗鲡的海生物——盲鳗。

盲　鳗

有一则消息报道：“在一条鳕鱼的肚子里找到 123 条盲鳗。这些盲鳗全部活着，而鳕鱼早已死亡。经过海洋生物学家检查，鳕鱼的死亡是由于成群的盲鳗吞掉了它的内脏。这群入侵者仍然在吞食着鳕鱼的尸体。”

按照常理，这世界总是“大鱼吃小鱼”，上述事例却相反，自然界中的确也存在“小鱼吃大鱼”的怪事，盲鳗就有这种本事。

盲鳗的可恶之处，就是它专门钻入大鱼体内偷吃内脏和肌肉。它们头部有一个口漏斗，里面的舌头上长有许多角质齿，这便是绞肉钻孔的利器。盲鳗一旦进入寄主体内，就穷撕猛啃，狠吞虎咽一通，随之又几乎不加消化地排出来，这样用不着多大工夫，便将一条大鱼的内脏活生生地掏了个空。据统计，一条盲鳗在8小时内可吃掉比自己身体重20倍的东西。3条250克重的盲鳗，8小时可以吃15千克鱼肉。最可恨的是，这伙窃贼更爱在落网的鱼群中逞凶，肆意糟蹋人们辛苦半天即将到手的劳动成果。因此渔民对盲鳗恨之入骨。

盲鳗长着软软的圆柱状身子，拖着个扁圆尾鳍，它的口像圆吸盘，生着锐利牙齿，这就是它进攻的武器。盲鳗张嘴向大鱼进攻，它们从大鱼的鳃部钻进体内，用吃里扒外的战术吃大鱼内脏。由于它长期过着寄生生活，眼睛已退化。可是它的嗅觉和触觉异常灵敏，使之在茫茫大海上得以迅速找到鱼群，并准确地从鱼鳃钻入大鱼体内。

在生物学家的眼里，盲鳗是珍贵动物。因为脊椎动物最主要标志之一就是体背有一根脊梁骨。盲鳗体内已具有原始脊椎骨的雏型了。可以说，在动物界从无脊椎向脊椎动物的进化过程中，到了圆口类，才算是真正脊椎动物的开始。现存圆口类动物总共只剩下不到30种，它们全过着寄生生活，多数栖息在海洋里。

形形色色的鱼类

◎温顺的“鱼老大”——鲸鲨

有人说，海洋中最大的鱼当然是鲸，此话错了，鲸是海洋中的哺乳动物，不是鱼类，不能参加鱼类个头比赛。鱼中之王应该是鲸鲨，无论体态还是重量，鲸鲨都是鱼类中的冠军。鲸鲨最大的长达20米，重达5吨。我国1981年捕到的一条鲸鲨就有4吨多重。鲸鲨中最大的一颗卵你猜有多大？1953年6月29日，在美国得克萨斯州伊莎贝尔港以南209千米处，拖网渔船“陶里斯"号从墨西哥湾里捞到一颗鲸鲨卵，长 30.5 厘米，宽 14 厘米，高 9.8 厘米，卵中有 35 厘米长的鲸鲨胎儿。

鲸鲨的另一名字叫偏头鲨。它长着宽扁的大头，两只小眼睛，一个宽阔的大嘴巴，张开来像一对大簸箕，牙齿又细又小，但有 6000 颗牙齿，这一排排白白的小牙，尖尖的向里斜长在上颌与下颌上，组成一个牙阵。这个严密的牙阵，不是用来咬东西的，它们只是起着过滤食物的作用。鲸鲨没有生长可咬嚼的牙齿，你碰到它们的时候不必担心，而且鲸鲨是温顺的，并不伤人。

鲸　鲨

鲸鲨是如何进食的呢？它先张开大口吞进海水和浮游动物，闭嘴把海水一挤，水就从鳃裂里排了出来。这鳃裂生在头部两侧，各有 5 对。相邻一对鳃裂之间生着一张弓形软骨，就是鳃弓。鳃弓的内侧生着角质的鳃耙，这些鳃耙就像海绵状的过滤器。过滤器只让海水通过，食物是无法通过的。鲸鲨靠着这种过滤器把海水滤出，把食物集中起来吞咽下去。

有位名叫汉斯·哈斯的奥地利人，在红海潜水拍照时，遇到了一条 8 米长的鲸鲨，喂它面包，它温和地在他身边游来游去，哈斯给它拍了照。第二次潜水时，哈斯又遇到这条鲸鲨，又喂它吃的，他们成了朋友。在十来天的水下工作日子里，这条鲸鲨几乎次次陪伴着哈斯。后来哈斯的胆子大了，竟骑到鲸鲨的背上，在海上奔驰。

鲸鲨的体色是青褐色，也有呈灰褐色。深色的条纹和斑点装饰着它的"游泳衣"，越到肚皮下越显白色。靠近脊背的上方每侧有 2 行从头到尾的皮脊。背鳍没有硬邦邦的棘骨。尾上翘，胸鳍宽大，划起水来是很有力的。鲸鲨在热带和温带的海域里栖息繁殖，往北达北纬 42°，往南达南纬 34°。鲸鲨对寒冷的海域是不感兴趣的，那里几乎不见它的踪影。

知识小链接

浮游动物

浮游动物是一类在水中浮游性生活的动物类群。它们或者完全没有游泳能力，或者游泳能力微弱，不能作远距离的移动，也不足以抵拒水的流动力。浮游动物与浮游植物合起来构成浮游生物。二者几乎是所有海洋动物的主要食物来源。浮游动物的种类极多，从低等的微小原生动物、腔肠动物、栉水母、轮虫、甲壳动物、腹足动物等，到高等的尾索动物，几乎每一类都有永久性的代表，其中以种类繁多、数量极大、分布又广的桡足类最为突出。

◎胆小贪食的石斑鱼

石斑鱼又叫鲙鱼，是暖水中的下层鱼类，分布于中国东南沿海、朝鲜、日本西部及印度洋等区域。它肉质细嫩鲜美，是餐桌上的佳肴。

石斑鱼

石斑鱼橘红色的背上，栉鳞细小紧密，上面缀饰着灰黑色的条状斑花，真是美极了。有些渔民为了卖个好价钱，他们把钓上来的石斑鱼迅速用针刺向鱼腹，于是胀鼓鼓的鱼腹立即瘪了下去。原来渔民是在放气。因为石斑鱼钓上来之后，它的鱼膘会立即鼓气，然后很快地死去。只要把鱼膘里的气排放出来，然后迅速养在海水船舱里，石斑鱼就能活了。

石斑鱼很胆小，不喜远游，只成群结队地栖息在岩礁缝隙或沙砾质的海区，依靠小虾、小鱼和贝类为生。由于它们常钻在石缝里生活，因此用渔网是很难捕住的，只有靠钓取。每年农历 4 ~ 8 月，是钓石斑鱼的黄金季节。渔民们垂钓根据季节和水温变化，选择的鱼饵也有所不同。4 ~ 5 月用小虾；5 ~ 6

月用泥鳅，7 ~8 月用小蟹，石斑鱼就会上钩。

在西沙群岛，钓石斑鱼多用鸡毛和白布，原因是白色在蓝水中目标突出，再加上钓鱼船在移动，石斑鱼误认为是动物，就会猛地冲上来咬住鱼饵，凶狠地一口吞下去。因此，白布和鸡毛也能当鱼饵。

那么人们见过的最大石斑鱼有多大呢？2000 年的夏天，渔民在东沙群岛附近，捕获 1 对石斑鱼母子，各有 50 多千克。这对巨型石斑鱼身体呈椭圆形，侧扁，嘴尖齿利，鱼体表面散布着很多黑色斑点。据渔民说，这两条还不算最大的，他们曾在南沙群岛海域捕到一条石斑鱼有 180 千克，长 1.8 米，估计有 140 岁高龄了。渔民说，这种巨石斑鱼一般生活在深海，以甲壳类和其他鱼类为食，在海中不轻易露面，一般靠绳钓、手钓或海底拖网才偶尔捕到。

◎ 头上长长锯的锯鳐

锯鳐这种奇特的鱼的吻部向前突出，好像一口扁平的长剑，长剑两侧的刃上长着 21 ~26 对大小相对应的锯齿，齿长 4 厘米、宽 15 厘米。这些锯齿的根部深深埋在吻软骨的齿窝里，非常坚牢。整个突出物像把双面有齿的刀锯，锯鳐的名字由此而来。

锯鳐体长 2 ~3 米，最大的长 7 米左右，它是一种大型的软骨鱼。一条体长 5 米的锯鳐，头前的锯就有 2 米，锯宽 30 厘米左右。锯鳐顶着这把威风凛凛的刀锯，在海洋中也算个霸王了，连鲸和鲨碰上它也避而远之。

淡水锯鳐

锯鳐头前的这把锯，既是捕食工具，又是防御进攻的武器。它的食物范围很广，从埋在沙里的小动物到大型鱼，都是它吞食的对象。锯鳐想吃沙里的海味时，就用锯翻掘海底，把藏在里面的小动物挖掘出来；想吃鱼时，就冲进鱼群，左拉右锯，那些不幸的伤亡者就成了它的菜肴。大敌当前，

锯鳐会毫不犹豫地发起进攻，用锯齿刺穿对方的身体，撕裂对方的皮肉。

锯鳐是胎生，雌鱼体内受精，胚胎在母体内发育，待长成和亲鱼相仿的体形时，才产出体外。当然，锯鳐的胎生和高等动物的胎生不同，它的胚胎发育所需的营养靠卵巢黄供给，这种胎生叫做“卵胎生”。锯鳐一次可生十几条小锯鳐。

人们也许会问：这么多小锯鳐在母体里，还不把母鱼肚子锯开了吗？其实不必担心，出生前小锯鳐的锯是包裹着一层薄膜的，使母体可以顺利产出小锯鳐而自身不受伤害。小锯鳐出生后，薄膜脱落，锋利的锯齿才显露出来。

锯鳐生活在热带海洋里，是暖水性近海底栖鱼类。我国南海、东海及台湾、广东沿海一带都捕获过这种鱼。它肉味鲜美，是强肾益肺的滋补品。

◎海洋中鼓翼飞翔的蝠鲼

陆地上的蝙蝠大家都见过，飞起来有两扇软柔柔的翅膀。那么海洋里有没有模样像蝙蝠的鱼呢？有的，这就是善于腾空飞翔的巨鱼——蝠鲼。

蝠鲼体长7米多，体重可达2吨，头上生着2个可以摆动的“角”，叫做“头鳍”，左右2个大的胸鳍和体躯构成一个庞大的体盘。游起来，胸鳍上下摆动，就像鼓翼飞翔的蝙蝠。背上披着件灰绿底子带白斑的“衫子”，腹面雪白。鞭状的尾巴在游泳时起着平衡作用。蝠鲼生活在海底，两个胸鳍就是它“飞翔”的翅膀。它更有一种绝技，每当生仔季节，就会雌雄相伴，到海面徐徐遨游，来了兴致时，会突然鼓动双鳍拍击水面，有时猛地跃水腾空，飞离水面4米多高，拖着长尾滑翔。这个重达2吨的家伙，跃落海面时，那响声就像一颗重磅炸弹落海爆炸一样惊天动海，怪吓人的。据说在澳大利亚，有艘载着运动员的舢舨，被突然跌落的蝠鲼砸沉，4个运动员有两个被砸成重伤。

蝠鲼模样古怪，个头巨大，在海洋里见到它的确令人恐惧。但是，实际上蝠鲼是个“老好人”，很温和，不伤人，善解人意，是潜水员的好伙伴。

有个美国水下摄影小组，在海底拍摄一部纪录片。有一天，突然一只巨大的蝠鲼出现在摄影师跟前，这只巨大的怪鱼一动不动地停在他的身边，摄影师游近蝠鲼，用一只手抓住它的上唇，另一只手抓住左翼的前端，一跃骑到了鱼背上。这只温顺的蝠鲼带着他潜入 50 米水深处，在水下绕了几圈，接着又往上飞，飞到水面。然后，它在不到 20 米的深处翻了个筋斗，进行一次俯冲、横滚，就像飞机在空中表演一样。摄影师过足了瘾才松开双手，安全地离开了蝠鲼。

摄影师回到水面把这一经过讲给朋友们听，开始没有人相信，后来每个人都试了一次，果真都骑鱼旅行了一番。

为什么蝠鲼喜欢跃水腾空，至今是个谜。可是，人们发现小蝠鲼会在妈妈表演临空绝技时，被生产出来，掉落在海里。这真是一种奇特的生育方法。当蝠鲼冲入鱼群中捕食时，头前的两个头鳍不停地向嘴方向摆动，把食物迅速地拨进嘴里，这种进食方式在动物界也是绝无仅有的。

知识小链接

蝠鲼的繁殖

每年 12 月到第二年 4 月间是蝠鲼的繁殖季节。此时热带海域的水温在 26℃ ~ 29℃，蝠鲼开始成群出现在浅海区，通常是几只体型较小的雄性一起尾随在体型稍大的雌性身后，游速比平时略快。经过 20 ~ 30 分钟的追逐后，雌蝠鲼逐渐放慢速度，雄蝠鲼则游到雌蝠鲼身下，并用胸鳍“爱抚”其身体。完成短暂的交配后，雄性则扬长而去，接下来第二个追求者会重演以上的过程。雌蝠鲼最多只接受两只雄蝠鲼的追求。1 ~ 2 枚受精卵在雌蝠鲼体内发育，大约 13 个月后，小蝠鲼会直接从母体中产出，不久就能自由游动了。

◎带着灯笼出行的隐灯鱼

深海中有许多鱼类，人们是很难见到的。1907 年夏天，在牙买加海岸的一个小镇上，人们发现一条稀奇古怪的鱼，当时连海岸生物学家也从未见过此鱼。这条鱼怪就怪在它的眼睛下方长着 1 对发光器。于是生物学家为其取名为“隐灯鱼”，而渔民们叫它为“光脸鱼”。世界上总是物以稀为贵，在以后的 70 年中，再也没有人见过第二条“隐灯鱼”。

1978 年 1 月，美国加利福尼亚旧金山施特思恰特科水族馆馆长麦考斯凯

尔组织了一个考察队，开始在加勒比海海域寻找这种隐灯鱼。潜水员潜入深海，不使用任何照明设备，终于捕获了几条隐灯鱼。

隐灯鱼在加勒比海大开曼群岛海域，数量较多，并不罕见。这种鱼一般生活在200米左右的深水中，只是夜间捕食时才游到上层海面。夜间在海里，一般人们大约从15米远的地方，就能看到隐灯鱼眼下发光器发出的光亮。隐灯鱼怎么控制这盏灯的开关呢？原来，隐灯鱼的眼睑很特别，眼睑抬上来把发光器遮住，“灯”就熄灭；眼睑翻下去，发光器露出来，“灯”又亮了。眼睑的升降，决定隐灯鱼头上这盏灯的亮和灭。眼睑就像手电筒开关一样。

隐灯鱼为什么在海中要发光呢？科学家分析，不外乎两点：其一是招呼同伴；其二是方便寻找食物。据科学家初步观测，隐灯鱼发光是一种细菌造成的。但这种细菌跟隐灯鱼之间有何相互关系呢？至今是个未解的谜。

◎长着三条腿的鼎足鱼

传说有一种动物叫“金蟾”，是3条腿的，在“刘海戏金蟾”的图画中可以看到，但实际金蟾是不存在的，是艺术家的一种想象。那么在海洋动物世界里，到底有没有古怪的3条腿动物呢？有的，在2000米左右的深海里，就生活着一种3条腿的鱼，它就是鼎足鱼。

鼎足鱼的3条“腿”，是1对胸鳍和1个尾鳍发展起来的。这3条腿细长坚韧，既是鼎足鱼的运动器官，也是它的感觉器官，有许多感觉神经末梢分布在这3条细长的鳍上。鼎足鱼跟其他深海鱼类一样，皮色是白的，它的眼睛也基本是瞎的。为什么会如此呢？这与它的生活环境有关。深海没有阳光，一片漆黑，因此皮肤变白色；眼睛长期看不到东西，逐渐退化了，因此大多数也变瞎了。为了在黑暗中生存，寻找食物，感知环境，鼎足鱼就发展了它们的鳍。这3条腿可以爬行、跳跃、发现敌害、搜寻食物，既代替了眼睛，也代替了手臂。

◎“刺猬美人”——刺鲀

有位潜水员在我国西沙海域作业时，在珊瑚礁的一个岩洞里，发现一条色彩非常漂亮的鱼，他想要将这条美丽天使带回去，就用一只手捂住岩洞口，另一只手小心地伸进岩洞去抓那条美丽天使。可是他万万没有想到，这条鱼刚才还五彩缤纷，鳞片光滑，鱼肚子却在一瞬间鼓得像只气球，鳞片变成锋利的刺，像刺猬一般。潜水员刚使劲用手一捏，便痛得惊叫起来，那些铁硬锋利的刺，扎进了他的手掌。他赶紧浮出水面。鱼虽被捉住了，但他也付出了沉重代价，那鱼身上有毒的鳞刺让他整整发了 3 天烧。后来有人告诉他，这条鱼就是刺鲀。

刺鲀就是靠这种刺猬的本领，把海中的鲨鱼制服的。鲨鱼一旦把它吞进肚里，刺鲀肚皮就会急速膨胀起来，突然变成一只刺猬，那些覆盖着的骨刺，都一根根竖了起来。鲨鱼不得不痛苦地将它从肚里吐出来。因此许多凶猛的大鱼，当它们看到刺鲀，尽管垂涎三尺，也不敢张口咬它，只能悻悻地摇尾避开。

刺　鲀

刺鲀主要生活在热带海洋浅海里，我国南海常见。刺鲀肝、血、生殖腺有毒，不能食用。但它色彩很迷人，是水族馆里十分逗人喜爱的鱼类，观赏价值很高。偶尔在外界的刺激下，它会瞬间把刺张开，像只刺猬。

早在唐代开元年间，《草木拾遗》一书中就有记载，当时把刺鲀叫“鱼虎”，说它“生南海，头如虎背，皮如猬有刺着人如蚊咬”。大约古人看到它那斑斓的花纹，想象中认为有的还可以“变成虎”。

◎以美丽色彩著称的蝴蝶鱼

蝴蝶鱼又称奴鲷。这个家族的成员都爱打扮。很多成员在尾的前部生着一个黑色斑点，恰恰和头部的眼睛遥遥相对应，而眼睛又隐藏在另一个黑斑里。如果粗心一点，你定会把尾巴当头哩。实际上，这种蝴蝶鱼平时在海中游泳，总是倒游，以尾巴向前游动，这是它的一种保护性反应。它在以尾向前游动时，敌害误认尾是头扑过来，此时它便以真正的头部飞快游走，使敌

人扑空，而自己得以逃生。

蝴蝶鱼

蝴蝶鱼以它的美丽的色彩著称海洋世界。一片薄薄的身体，有的是卵圆形，有的是菱形、椭圆形、长方形等，它们总是披着色彩斑斓的外衣。丝蝴蝶鱼有深黄、浅黄的鳍和闪着淡绿色绿光条的鳞甲。长吻蝴蝶鱼戴着一顶黑色帽子，淡蓝色的下巴，杏黄色的身体，长着透明的伞样尾巴。新月蝴蝶鱼，花纹更奇丽，眼睛总隐藏在黑斑里，背上一道弯曲的镶着白边的条纹，这是它被称为“新月”的由来，背鳍、尾鳍、臀鳍都是橙黄色的，整个身体圆圆的，像个橘黄的小月亮。因为这些鱼色彩跟陆上的蝴蝶家族差不多，因此人们通称它们为“蝴蝶鱼”。

蝴蝶鱼生活在热带海洋里，穿行在珊瑚礁间。有的长着扁平的齿，当它们吃珊瑚虫时，这些牙齿就像小凿子一样，连珊瑚虫的骨骼也可以敲碎；有的长着尖尖的嘴，这大大有利于他寻找那些躲在岩缝中的小甲壳动物。

蝴蝶鱼口小，前位略能向前伸出。两颌齿细长、尖锐，刚毛状或刷毛状，腭骨无齿。体侧扁而高，菱形或近于卵圆形。最大的体长可超过 30 厘米，如细纹蝴蝶鱼。

蝴蝶鱼是近海暖水性小型珊瑚礁鱼类，身体侧扁适宜在珊瑚丛中来回穿梭，它们能迅速而敏捷地消逝在珊瑚枝或岩石缝隙里，适宜伸进珊瑚洞穴去捕捉无脊椎动物。

蝴蝶鱼生活在五光十色的珊瑚礁礁盘中，具有一系列适应环境的本领，其艳丽的体色可随周围环境的改变而改变。蝴蝶鱼的体表有大量色素细胞，在神经系统的控制下，可以展开或收缩，从而使体表呈现不同的色彩。通常一尾蝴蝶鱼改变一次体色要几分钟，而有的仅需几秒种。据科学家估计，一个珊瑚礁可以养育 400 种鱼类。在弱肉强食的复杂海洋环境中，蝴蝶鱼的变色与伪装，目的是为了使自己的体色与周围环境相似，达到与周围物体以假乱真的地步，在亿万种生物的顽强竞争中，赢得了自己生存的一席之地。

蝴蝶鱼产卵于沿岸浅水水底，早期需经 2 个阶段：羽状幼体阶段，即浮游生活阶段；纤长幼体阶段，即底栖生活阶段。羽状幼体形态特殊，在背鳍前方有一丝状或羽状附属物是其主要特征，早期发育过程中的这一阶段，在鱼类中，蝴蝶鱼是唯一的特例。

蝴蝶鱼胸鳍发达阔展，从水面上看像一只蝴蝶。蝴蝶鱼捕食动作奇特，可跃出水面犹如海洋中的飞鱼。平时蝴蝶鱼顺水漂流，一旦有昆虫飞临，即使离水面数十厘米，也可跃出水面捕食。蝴蝶鱼雌雄辨别容易，从尾部看，雄鱼鳍膜较短，鳍条突出呈长须状，体色较深，而雌鱼有明显的不规则花纹。

蝴蝶鱼对爱情忠贞专一，它们好似陆生鸳鸯，成双成对在珊瑚礁中游弋、戏耍，总是形影不离。当一尾进行摄食时，另一尾就在其周围警戒。

蝴蝶鱼的经济价值并不高，但它却是水族馆里的主客，是观众瞩目的鱼类，尤其得到孩子们的格外喜爱。

◎会“织睡衣”的鱼——鹦鹉鱼

鹦鹉鱼是鲈形目鹦嘴鱼科约 80 种热带珊瑚礁鱼类的统称。鹦鹉鱼体长而深，头圆钝，体色鲜艳，鳞大。其腭齿硬化演变为鹦鹉嘴状，用以从珊瑚礁上刮食藻类和珊瑚的软质部分，牙齿坚硬，能够在珊瑚上留下显著的啄食痕迹。并能用咽部的板状齿磨碎食物及珊瑚碎块。体长可达 1.2 米，重可达 20 千克。体色不一，同种中雌雄差异很大，成鱼和幼鱼之间差别也很大。鹦鹉鱼可以食用，但整个类群经济价值不大。

带纹鹦鹉鱼是印度洋、太平洋地区的主要鹦鹉鱼，长 46 厘米，雄鱼绿、橙两色或绿、红两色，雌鱼为蓝色和黄色相间。大西洋的种类有王后鹦鹉鱼，体长约 50 厘米，雄性体色蓝，带有绿、红与橙色；而雌鱼呈淡红或紫色，有 1 条白色条纹。

鹦鹉鱼是生活在珊瑚礁中的热带鱼类。每当涨潮的时候，大大小小的鹦鹉鱼披着绿莹莹、黄灿灿的外衣，从珊瑚礁外斜坡的深水中游到浅水礁坪和

鹦鹉鱼

潟湖中。鹦鹉鱼有特殊的消化系统。鹦鹉鱼用它们板齿状的喙将珊瑚虫连同它们的骨骼一同啃下来，再用咽喉齿磨碎珊瑚虫，然后吞入腹中。有营养的物质被消化吸收，珊瑚的碎屑被排出体外。鹦鹉鱼的咽喉齿不像牙齿一样尖利，而是演变为条石状，咽喉齿的上颌面上凸起，正好和下面的凹处相吻合。上、下颌上各生长着一行又一行的细密尖锐的小牙齿。小牙齿密密地排列形成了许多边缘锐利的板齿。每当一大群鹦鹉鱼游过，一条条珊瑚枝条的顶端就被切掉，露出斑斑白茬。

鹦鹉鱼在繁殖后代的时候，雄鱼先撒下精子。然后，雌鱼在精子的中央播撒卵子。这种繁殖方式只能使一部分卵受精。而受精卵之中只有很少的一部分能成为幸运儿。

古罗马和古希腊人特别器重这种鱼，把它当做珍品，并不是因为鹦鹉鱼长得漂亮，而是因其具有团结互助的精神。据研究这种鱼的学者发现，如果鹦鹉鱼一旦不幸碰上了针钩，在千钧一发之际，它的同伴会很快赶来帮忙。如果有鹦鹉鱼被渔网围住了，别的伙伴就会用牙齿咬住其尾巴，拼命从缝隙中把它拉出来。因而，渔民很难抓获这种鱼。

有人说鹦鹉鱼有毒，可是有些人却说鹦鹉鱼没有毒。这到底是怎么回事呢？原来，鹦鹉鱼本身是没有毒的。只不过，鹦鹉鱼吃的食物有些是有毒的。鹦鹉鱼体内有分解消化毒素的器官，所以，鹦鹉鱼不会被这些毒素伤害。但是，如果人们捕获的鹦鹉鱼体内的毒素并没有完全排除，那么鹦鹉鱼食物中的毒素就会转嫁给食用鹦鹉鱼的人类。所以，许多渔民都劝贪嘴的食客不要食用鹦鹉鱼。

鹦鹉鱼会织睡衣，它们织睡衣的方式像蚕吐丝做茧似的，从嘴里吐出白色的丝，利用它的腹鳍和尾鳍的帮助，经过一两个小时织成一个囫囵的壳，这就是其睡衣。有时它的睡衣织得太硬，早上睡醒后用嘴咬不开，便会憋死在里面。

◎ 可以改变性别的鱼类——小丑鱼

小丑鱼是雀鲷科海葵鱼亚科鱼类的总称，是一种热带咸水鱼。已知有28种，一种来自棘颊雀鲷属，其余来自双锯鱼属。因为脸上都有1条或2条白色条纹，好似京剧中的丑角，所以俗称“小丑鱼”。小丑鱼与海葵有着密不可分的共生关系，因此又称海葵鱼。带毒刺的海葵保护小丑鱼，小丑鱼则吃海葵消化后的残渣，形成一种互利共生的关系。

小丑鱼在成熟的过程中有性转变的现象，在族群中雌性为优势种。在产卵期，公鱼和母鱼有护巢、护卵的行为。其卵的一端会有细丝固定在石块上，1个星期左右孵化，幼鱼在水层中漂浮之后，才开始底栖的共生性生活。

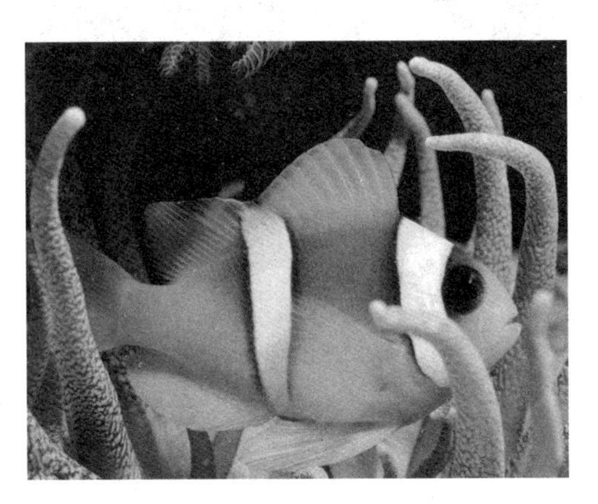

小丑鱼

小丑鱼喜群体生活，几十尾鱼儿组成了一个大家族，其中也分长幼、尊卑。如果有小鱼犯了错误，就会被其他鱼儿冷落；如果有鱼受了伤，大家会一同照顾它。可爱的小丑鱼就这样互亲互爱，自由自在地生活在一起。但是在自然中生活，会时时面临着危险，小丑鱼那艳丽的体色，就常给它惹来杀身之祸。小丑鱼最喜欢和海葵生活在一起了，虽然海葵有会分泌毒液的触手，但小丑鱼身体表面拥有特殊的体表黏液，可保护它不受海葵的影响而安全自在地生活于其间。

因为海葵的保护，小丑鱼免受其他大鱼的攻击，同时海葵吃剩的食物也可供给小丑鱼，而小丑鱼亦可在海葵的触手丛中安心地筑巢、产卵。对海葵而言，可借着小丑鱼的自由进出，吸引其他的鱼类靠近，增加捕食的机会；小丑鱼亦可除去海葵的坏死组织及寄生虫，同时小丑鱼的游动可减少残屑沉

淀至海葵丛中。

小丑鱼身材娇小，一遇到危险，它们就会立即躲到海葵的保护伞下。一般的珊瑚礁鱼类都有过被海葵蛰刺的经历，那些美丽的触手使它们感到恐惧，看到海葵，往往避之唯恐不及，因此没多少生物会冒着生命的危险到这里来挑衅。但是，海葵的毒刺也不是天下无敌的，蝶鱼就是它的克星，专门把这些软体动物当做美味的点心。每当这种时候，小丑鱼就会挺身而出，保护海葵的安全，对蝶鱼展开猛烈的攻击。虽然体形大上数倍，但面对作风强悍的小丑鱼，蝶鱼还是会被打得落荒而逃。

小丑鱼

科学研究表明，小丑鱼并不是对海葵的毒素有免疫力，能不被触手蛰刺完全归功于它们体表那一层黏液的保护。这种黏液有双重功效：中和被海葵刺细胞刺中所注入的毒素；抑制刺细胞的弹出。这些黏液又是如何产生的呢？关键还在于海葵。海葵成百上千的触手在一起随波逐流，难免不会彼此触碰，要是这时刺细胞“万箭齐发”岂不是会误伤友军？海葵当然有自己的解决办法。它的身体表面会分泌一种黏液，给触手上所有的刺细胞传达指令：自己人，不要开火。遇到这些黏液，刺细胞的发射就被抑制住了。小丑鱼正是巧妙地利用了这一点。当它们还是幼鱼的时候，会凭借嗅觉和视觉找到一个海葵来定居。开始，它们会小心翼翼地接近海葵，从那些有毒的触手上吸收海葵分泌的黏液。等到它们的全身都涂满了保护物质时，就相当于拿到了在海葵中自由出入的通行证。曾经有人做过一组实验：将一条小丑鱼麻醉了，再擦掉它身上的黏液，然后送回海葵的身边。这时海葵房东已经不认识这位可怜的房客了，会像对待其他小鱼一样将其一口吞掉。如果擦掉另一条被麻醉的小丑鱼身上的黏液，待其清醒后再送回海葵身边。这时的小丑鱼就不会径直游回家里，而是小心地围着海葵游动，轻轻触碰海葵的触手，慢慢吸取保护物质，然后才重新回到那一片“美丽的丛林中”。

小丑鱼的另一个迷人之处在于它们能够自己改变性别。到目前为止，人们仍不知道这种奇特的习性是如何产生的，它们幼鱼时的性别又是如何划分的。小丑鱼是极具领域观念的，通常一对雌雄鱼会占据一个海葵，阻止其他同类进入。如果是一个大型海葵，它们也会允许其他一些幼鱼加入进来。在这样一个大家庭里，体格最强壮的是雌鱼，它和它的配偶雄鱼占主导地位，其他的成员都是雄鱼和尚未显现特征的幼鱼。雌鱼会追逐、压迫其他的成员，让它们只能在海葵周边不重要的角落里活动。如果当家的雌鱼不见了又会怎么样呢？原来那一对夫妻中的雄鱼会在几星期内转变为雌鱼，完全具有雌性的生理机能，然后再花更长的时间来改变外部特征，如体形和颜色，最后完全转变为雌鱼，而其他的雄鱼中最强壮的一尾又会成为它的配偶。

小丑鱼是珊瑚礁中可爱的小精灵，它们有如此美丽的色彩，且性情温和，健壮活泼易饲养，几乎所有饲养海水观赏鱼的人都会优先选择它作为入门的品种，还有它那与海葵共生的奇特习性，更令所有的观赏者啧啧称赞。

水陆两栖动物

◎丑陋凶残高智商的鳄鱼

马来西亚一带是鳄鱼繁殖、栖息的好地方，这里的鳄鱼被称为马来鳄。印度洋孟加拉湾是世界上鳄鱼较多的地方，这里的鳄鱼吼叫起来的声音像是轰轰的雷声。

“鳄鱼的眼泪”被人用来比喻为假慈悲。其实，它是在用眼睛里的腺体排除体内多余的盐分，那眼泪是浓缩了的盐水。这样鳄鱼就不怕在海水里活动了。

鳄鱼的嘴令人生畏，一口尖利的锯齿般的牙齿，即使闭住嘴也还有一对露在唇外。2 个鼻孔长在上颚的最前端。鳄鱼是用肺呼吸的，吸一口气闭住鼻孔可以潜入水底待很长的时间。鳄鱼的身躯是深褐黄色的，厚皮上覆着角质

鳞。4 条粗壮的短腿，前肢长着 5 趾，后肢少 1 趾，每个趾上长着弯弯的趾爪。身后拖着一条笨重的尾巴，当鳄鱼在沼泽滩上爬行时，这条尾巴能灵活地左右摆动，支持着身躯向前滑去。

马来鳄身躯庞大，长 6 米左右，数百千克重。它是卵生爬行动物，生殖期间上岸产卵，每年约产卵 20 ~ 70 枚，孵化期为 45 ~ 60 天。鳄鱼皮可制革，其经济价值很大。

马来鳄

近些年来，因为鳄鱼的皮非常值钱，捕杀它的人多了。这样一来全世界的鳄鱼数量大大减少，孟加拉湾各国的马来鳄也濒临绝种。

在这种情况下，现在人们已完全做到了人工繁殖、饲养鳄鱼。

我国近些年也开始试办养殖场，并初步获得成功。

鳄　鱼

鳄鱼给人们的印象是“反面角色”，尤其是它在水里那懒洋洋几个钟头不动的样子，使人都以为它是迟钝、懒惰的家伙。其实这是一种误会，实际上，鳄鱼在躯体庞大的水生爬行动物中，不仅游泳快，而且陆上行动也很敏捷、利落。尤其是夜间捕食，没有再比鳄鱼本领高超的了。软体动物、鱼类、鸟类，甚至沿岸大型牲畜都能被它捕捉住。科学家对尼罗河鳄鱼的胃中物进行了专门研究，发现里面有大量行动迅速的小动物。

鳄鱼合群，春天河水上涨时，鳄鱼会排成队，逆流而上，捕捉鱼时，每条鳄鱼也按顺序捕捉一条，互相从来不争食，很有友爱精神。那些成年的鳄鱼，

鳄鱼夫妻

喜欢成双成对地捕食，有了食物也共同享用。有的人还看到过两条鳄鱼在陆上一起拖一头捕获的羚羊。

鳄鱼生儿育女，也很尽心尽力，产卵之后，就把卵埋到半米深的地下。在小鳄鱼出世前的90天里，母鳄鱼从不离开自己的卵，也不吃任何东西。它的丈夫也与之守候在一起，夫妻共同保护它们的后代。

小鳄鱼一来到世间就大叫大喊，20米之外都能听到它的声音。鳄鱼妈妈听到叫声，立即用前肢把土扒开，然后用嘴把刚刚从卵里钻出来的小东西，一只只地从岸边衔到水里。鳄鱼爸爸也不是旁观者，当小鳄鱼快要脱壳时，它用嘴把即将破壳的卵衔起来，然后用上下颚轻轻一挤，使小家伙能顺利脱壳。

小鳄鱼要长大，一般要由父母看管8个星期左右。在此期间，只要小鳄鱼发出叫喊，嗅到有危险，父母就会赶到出事地点，来护卫小宝宝的安全。

知识小链接

鳄鱼不是鱼

鳄鱼是迄今为止发现的、依旧活着的最原始爬行动物，是在三叠纪至白垩纪的中生代（约2亿年以前）由两栖类进化而来，延续至今仍是半水生、性凶猛的爬行动物。鳄鱼除少数生活在温带地区外，大多生活在热带亚热带地区的河流、湖泊和多水的沼泽，也有的生活在靠近海岸的浅滩中。鳄鱼不是鱼，属脊椎动物爬行虫纲，它入水能游，登陆能爬，被称为“爬虫类之王”。它以肺呼吸，由于体内氨基酸链的结构，使之供氧储氧能力较强，因而较长寿。

◎中生代残存下来的爬行动物——海鬣蜥

海鬣蜥生活在赤道附近的科隆群岛上。

海鬣蜥

秘鲁的寒流悄悄地进入科隆群岛，把赤道的酷暑吹散了，气候凉爽宜人，不像其他热带岛屿那样潮湿。在这一派热带丛林的风光里，栖息着许多奇奇怪怪的动物，海鬣蜥就是其中之一。因为它生活在海边，常在海中寻食、游泳，所以叫它海鬣蜥。海鬣蜥要比科摩多龙小，也是爬行类两栖动物，一般体长1.8米，重10千克左右，占身子2/3的扁平长尾，是它在海中游泳的桨。它以海藻和岸边植物为食，平时多栖于岸边岩礁，或爬到树上度日、觅食，受到惊扰时方跳入水中。生殖时，海鬣蜥把卵产在潮线上挖好的卵坑里，卵坑深约50厘米，卵在卵坑里自然孵化。

海鬣蜥从颈部至尾基部，披着柔软的皮质长针状棘列，因成鬣状而得名。它是中生代残存下来的爬行动物。科学家认为它是恐龙的近支本家。

海鬣蜥有一种特殊的潜水循环反射本能。当它们潜入海中时，心跳速度自动减缓，除大脑外，全身血液循环趋于停止，皮肤血管收缩，身体外层变凉，形成外界寒冷的水温与其体内温度的缓冲带。这样不仅降低了海鬣蜥潜水时对氧气的消耗，而且也使它们体内的温度保持恒定，以适应潜水活动的需要。

知识小链接

海鬣蜥头上的“小白帽”

海鬣蜥是世界上唯一能在海洋里生活的蜥蜴，体长25~60厘米，头顶部有一瘤状突起，而且还带着一个“小白帽”。原来，在海鬣蜥的鼻孔与眼睛之间，有一个盐腺，能把海鬣蜥进食时带进的盐分贮存起来。当盐腺被装满后，海鬣蜥就高高地昂起头，打一个强劲的喷嚏，含盐的液体就射向空中，然后又会落在自己头上，等盐液变干，固结成壳时，就成了一顶“小白帽”。

水下哺乳类动物

◎ 最凶猛的鲸类——抹香鲸

世界上体型较小的鲸，均为齿鲸类，它们都很凶猛，以撕食为生；体型较大的鲸，则几乎都是须鲸，它们在海中依靠鲸须过滤捕食，性情较为温顺。但抹香鲸则例外、特殊，它体大而又属于齿鲸，在下颌有 20～25 对牙齿，是齿鲸类最庞大、最凶狠的一种鲸。

海洋生物学家经过长期跟踪观察抹香鲸得出一个结论：它是鲸类中最凶猛的。成熟的抹香鲸体长可达 30 来米，体重可达60 余吨。地球上最大的鲸是蓝鲸，身躯相当于 33 只非洲大象。尽管抹香鲸比它小，但也是海洋中的"巨人"。在海上要是偶尔看到它，觉得活像一方巨大的、褶皱的原木漂在海上，只有当它不停地喷水时，才觉得是个可怕的生物。但是它一旦潜到水下，就会变得异常灵活、优雅、敏捷。

抹香鲸出水瞬间

抹香鲸相貌很古怪，它身体的前 1/4 是一只鼓出来的大"箱子"——头，装有至今人类所知的最上等的油脂。关于这只"箱子"里的大量鲸油的功能，至今也是个谜。抹香鲸的颚也是谜。科学家们看到抹香鲸经常将小鲸含在嘴里，或用颚彼此相碰，似乎在亲吻。科学家也看到过一条抹香鲸脑袋上有一排伤疤，这显然是互相斗殴时被对方下颚的牙齿咬伤的。

抹香鲸有强有力的牙齿，但它不主要用于进食。在斯里兰卡附近海面，曾有人看到抹香鲸吃大乌贼都是囫囵吞下去的。有科学家认为抹香鲸很可能

是用咔嗒声将猎物震晕，然后再吞下去的。

成年抹香鲸觅食的深度，是幼鲸所不能达到的。一般雌鲸轮流在海面照看它们的子女，它们一直将小鲸喂养到 2 岁能独立觅食时为止。幼鲸在鲸群里一直待到 5 岁，然后雄鲸独立门户，组织一个单身汉的鲸群。雌鲸或是入伙，或是继续留在“娘家”。

完全长成的雄鲸一年中大部分时间都在南北两极的海域周围转悠。只有交配季节才到热带逗留数日。而成年的雌鲸则在温暖水域里生儿育女，度过终生。

抹香鲸生育小鲸也很有意思。母鲸翻转身，将腹部朝水面，从生殖部位喷出一股血水和一团黑的东西，几秒钟后，一头细嫩的小抹香鲸便出世了，它鲸尾卷曲，鳍是弯的，浮动在妈妈身旁。

小鲸初生后，有几头成年鲸便聚过来检验这个小生命，它们把小鲸推推搡搡地夹在中间，甚至把它托出海面。所有这些都可看出成年鲸对小生命的关心。

大王乌贼

抹香鲸最喜欢的食物，是一种体长 10 ~ 18 米、重约 200 千克的大王乌贼。这种乌贼生活在深海中，抹香鲸要吃这种美味就得潜至千米以下的深海中去寻觅。一旦发现了大王乌贼，抹香鲸就用嘴死死咬住大王乌贼，用尽全力把它向海底礁石撞去，大王乌贼也用那 10 条带有吸盘的大腕足紧紧缠住抹香鲸迫之窒息。搏斗经常要持续几十分钟乃至数个小时，在酣战过程中，它们东奔西窜，在海底翻滚，偶尔也会跃出水面，浪花四溅，宛如一座小山突然耸立海中。鏖战之后，抹香鲸虽可饱餐一顿，但身上却留下了累累伤痕。

前面我们已经讲过，抹香鲸头部竟占体长的 1/4，形如箱子，里面储存的全是鲸油。每条鲸可提取的油足有 10 ~ 15 桶。对于抹香鲸的鲸油，科学家有 3 种观点：

（1）一些科学家曾依据海豚听觉的机制推测，认为抹香鲸巨大的额部脂肪体是极佳的回声探测器。而另一些科学家则认为额部似乎多余的巨大脂肪体，实际上起了一个浮力调节器的作用，使抹香鲸可以从深海区迅速上浮，减少了升浮时间，从而赢得了更多的深海潜捕时间。

（2）有的科学家认为，鲸"油箱"是高级吸氮器，它能将鲸血中的溶氮吸出，从而保证鲸由1500米的深水中急速上浮时不因潜水病而死亡。

（3）有的科学家认为"油箱"有声学波导管的性能。它能毫不损耗地传播声音，并能像透镜一样地变换声波。声速的传播本来是均匀的，但当接近额隆凸的中心处时传播速度则明显减缓，这是因为该处的液态油质浓度相对最大。令人惊讶的是，无论是脂肪组织内部，还是在脂肪组织与外界环境接壤处，传播的声能均不会受损耗。储藏在下颌中的脂肪组织直接紧挨着耳骨，这难免使人猜想，下颌骨也可能起着接收天线或波导管的作用。但究竟是不是这个作用，尚有待验证。

龙涎香

抹香鲸身上可以产生珍贵的龙涎香，这一点已经得到证实了。但是龙涎香到底是怎么形成的，至今仍然是个谜。

知识小链接

须鲸科

须鲸科是须鲸亚目下最大的一个科。全世界现存的种类一共是15种。须鲸类动物的体形巨大，最小的种类体长也大于6米。口中没有牙齿，只有在胚胎发育时可以看到退化的牙齿，但上颌左右两侧的腭部至咽部各生有150~400枚呈梳齿状排列的角质须。须的颜色、形状和数目因种类的不同而有差异，是进行分类的重要依据之一。外鼻孔有2个，位于头顶。头骨大，有的种类可达体长的1/3，左右对称。胸骨较小，仅有1到2对肋骨与胸骨相连接。没有锁骨。须鲸主要以磷虾等小型甲壳类动物为食，有的种类也吃小型群游性鱼类，以及底栖的鱼类和贝类。

龙涎香历来被视为珍品，其价值远远超过黄金。宋代文学家苏轼的一首

诗中提到：“香似龙涎仍酽白，味为牛乳更全清。”可见，那时古人就把龙涎香视为极品了。近代的调香师们也把龙涎香视为定香剂，但目前人工尚不能合成，因此更为珍贵。它是高级香水中不可缺少的“妙香”成分。香水中加进少量龙涎香，会使香气变得柔和、持久。

◎神秘的独角怪兽——一角鲸

在北极千里冰封的海域里，栖息着一种怪兽，那就是头上长着一只角的鲸，科学家把它称为一角鲸。这个角实际上是雄鲸上颌的一颗牙齿，母鲸和小鲸没有独角，只有雄鲸性成熟之后，这颗奇怪牙齿才反方向像螺旋一样朝左扭着向前生长。一角鲸体长 5 ~6 米，可是这颗怪牙就长 3 米，过去误认为是它头上的角。

一角鲸

我国古代传说中的独角兽，是一种鹿身、马蹄、牛尾、全身长满鳞片的怪兽。民间都把此物当做吉祥物。说此物降临时，便有圣人要出现。

在欧洲，很久以前就流传着独角兽的故事，有关它的记载也可追溯到公元前 480 年。说有人见到过这种兽角，它洁白光滑，呈圆锥形，是被海盗带上大陆的。但当人们问起此角来源时，海盗们却讳莫如深，不肯吐露。因此这长角的动物激起了人们的各种猜想。也有不少人把它描绘得跟中国民间传说的一样，是有着马身、马头、鹿腿、狮尾的一种奇怪混合体。到了中世纪，关于独角兽的种种传说更是披上了神秘外衣。

在中世纪的传说中，神秘独角兽头上的角，有防治疾病和解毒的功效。因此，用它雕刻成的酒杯、盅、碗等器皿，被皇宫贵族们视为珍宝，它的价值也与日俱增。据说罗马皇帝为得到两个独角，花费的黄金相当于今天 100 万美元。传说尽管流传了几个世纪，但独角兽到底是啥样，谁也没有见过，始终是个不解之谜。

1577 年 6 月，探险家马丁·弗罗比舍带领一队人马去北极考察。在穿过北极附近时，遇到了风暴，眼看船队要遭灭顶之灾，绝望中他们发现了一座海岛，经过一场生死搏斗总算驶进一个海湾，登上了这个海岛，终于死里逃生。探险队登陆的地方就是巴芬岛的东南角。

巴芬岛是个荒无人烟的海岛，到处是冰天雪地，但总比在摇摇晃晃的船上要好，探险队找了个避风较好的岩洞，暂时安顿下来。突然，一个队员惊叫起来：“天啊！怪兽！怪兽！”马丁·弗罗比舍从岩洞里钻了出来，看到在这个冰雪覆盖的世界，在那个惊叫的队员跟前，有一条硕大的、体形特别古怪的“死鱼”。它的身体圆滚滚的，就像一条海豚，一只长达2米的独角破唇而出，洁白无瑕，活像一只大象牙。

巴芬岛

马丁·弗罗比舍被眼前的怪物迷住了，尽管他天南海北到处探险考察，但从来没有见到海中还有这种怪兽。他围着这只怪兽转来转去，忽然想起欧洲人的传说，莫非这就是独角兽吗？为了证实一下眼前的怪兽是不是独角兽，他马上想到可以用这只独角来解毒。于是，他跟队员们在岩洞里捉了一只剧毒的过冬蜘蛛，把它塞到独角孔里，大家都瞪着眼睛看那只蜘蛛的动静，约莫过了10分钟，毒蜘蛛果真死去了。幸运的避难者欣喜若狂，他们在九死一生中发现了珍宝。

马丁·弗罗比舍的船队回到欧洲后，向人们郑重宣布：传说中的独角兽被他们找到了，它是真实存在的。他们把那只珍贵无比的独角献给了英王伊丽莎白。从此，在世界上传说了几个世纪的神奇动物终于被证实了。

长期以来，科学家们对一角鲸的这颗巨牙到底起什么作用众说纷纭。有的说，是鲸潜入冰层需要吸氧气，用这颗牙来破冰捅洞，起着冰镐的作用。另一些科学家立即反对，他们提出：难道雌鲸不潜入冰层下吗？还有的科学家说，这颗牙是用来翻沙寻食的，可是一角鲸是以乌贼、鱼类以及虾蟹为食物的，这与这颗牙毫无关系。因此，前几种说法都难以使人相信。

近几年，有些科学家又有一种解释，说这颗巨牙是生殖季节雄性鲸之间为了争夺雌鲸而进行格斗的武器。这种说法有些道理，但始终没有人见过这种决斗的场面。为什么至今没有一种肯定的说法呢？因为一角鲸是珍稀动物，加之又生活在北冰洋，因此很难遇见，这给研究它的习性带来了一定的困难。

近几年，有生物学家对一角鲸长牙的用处提出新说法。认为这颗长牙是“声音角斗的工具”。认为雄鲸互相接近时，会发出声音，经过长牙尖端辐射出去，就像是电波由发报机的天线传播出去一样，都是想把竞争对手驱逐出雄群。因低频率声音距对方耳朵越近威力越大，越容易使对方胆怯，因而，长牙越长，优越性也就越大。

◎“仿海洋兽”——北极熊

北极熊生活和漫游于冰雪世界的北极海域，叫它白熊是因为它全身披白毛。北极熊只生活在北极，善于在海中游泳，可以在离岸300千米的海中沉浮。北极熊觅食时，大部分时间在冰上度过，它进入海洋时间短，是一种“仿海洋兽”哺乳动物。北极熊在冰窟里捕鱼，在浮冰上猎海豹。别看它身躯庞大，笨里笨气，可看准猎物之后，既凶狠又灵活。

北极熊

当秋天降临北极时，母熊便开始成群结队地聚集在小岛的海边雪堆中挖洞做窝，母熊藏身窝中下崽。洞口附近，堆着一堵雪墙来挡风雪，雪积多了，洞口几乎被堵严，这样洞里面较外界暖和，洞内温度总是保持在0℃以上。这是因为冷空气被雪墙和雪门隔绝，加上母熊身躯壮大，放出的热量使得窝内格外温暖，母熊在温暖的窝中生育熊崽。初生的熊崽只有老鼠大，身上的毛稀稀落落，它整天整夜依偎在母熊的怀中取暖，母熊依靠消耗体内储存的大量脂肪来哺育熊崽，并在窝内半醒半睡地度过冬天，到第二年的4月前后才出洞觅食。

雄性北极熊是否冬眠呢？科学家经过长期研究观察发现，雄性北极熊是否要冬眠是由食物来决定的。北极熊要冬眠，不仅是为了防寒，而且也是为了度过严寒冬季缺乏食物的困境。这是动物适应客观环境的一种本能。雄熊能找到食物，就不冬眠，找不到食物就要冬眠。

蛙、龟、蛇等动物是一种变温动物，体温随着外界温度下降而下降，其新陈代谢也随之缓慢，因而冬眠。但北极熊的冬眠却是在秋天吃足食物后，钻进窝中进入半休眠状态，但其体温并不下降，新陈代谢机能也不缓慢，但却减少能量消耗，以此来度过食物奇缺的严冬。母熊进洞产仔，是母亲的特性和职责，与食物的丰欠无关。

北极熊为何如此能耐寒呢？科学家研究发现，秘密就在它有很厚的皮下脂肪层和生有很难渗进冰水的毛，而这种毛形成的空气层，起着良好的保温作用。北极熊的耳朵和尾巴都很小，从身体表面散发的热量很少，所以北极熊的整个身体是适合于保存热量的。

处在饥饿中的北极熊相当凶残。这里我们讲一个北极附近埃奇西亚岛上发生的悲剧。

游泳中的北极熊

岛上的研究站只有皮特一人，朋友乔治来后，岛上也只有两个人。研究的主要对象是驯鹿群。因为西部海滩暖和，海滩和山脚下的大片草地是驯鹿的栖息地。但这个岛的北部生活着 1000 ~ 3000 只北极熊。一般夏天一过，北极熊就随浮冰离开小岛，只有少数母熊和小熊留在岛上。

乔治害怕北极熊，他一来到岛上就向朋友皮特请教对付北极熊的防身办法。皮特告诉他，只要在木棍上粘上油，一见熊就点火，把火把往熊鼻子上塞，熊就会跑掉。乔治在那里生活了一个星期，并没有遇到北极熊，因此两人身边都没带枪，只带火把。

一天早晨，他俩来到一片草地，数过驯鹿的头数，乔治采集了一些植物标本。到下午 6 点，两人回到铁皮做的研究站，准备吃晚餐。突然，皮特发

现一只还未成年的北极熊，发疯似的对海边一只橡皮艇发起攻击，又咬又撕。皮特急了，赶紧点着火把冲出房去。留在房内的乔治看不清屋外皮特的位置。皮特用火把把熊驱离那艘皮艇之后，北极熊却突然对皮特发起了攻击。

皮特一看来者不善，他用火把向熊投掷而去，然后转身向只有5米远的铁房门跑去，不幸，踩在一块碎冰上跌倒了。就在这一瞬间，北极熊猛扑过来，两只粗壮有力的爪把他死死摁在地上，张开血盆大嘴，一口咬住了他的头。皮特闪过一个念头，北极熊吃海豹时，总是先将海豹头咬碎，然后吃肉。莫非对他也如此吗？

由于神经高度紧张，皮特不知道痛，只听到北极熊咬自己头颅的声响，一大块头皮被撕下来。他大声叫喊："乔治，快！救命！"

乔治钻出铁门一看，吓得面无血色，全身哆嗦。他发现皮特全身是血，头皮撕开的地方露出白骨。那熊正喷着鼻息，准备再次咬皮特的头颅。乔治立即点着一个火把，冲到北极熊身边，对着熊鼻子捅过去。谁知北极熊一下把火把扑灭了。乔治冲进屋又点着第二个火把，他用火把顶着熊颈子，把熊的毛烤得吱吱作响，发出一股臭味。但那畜牲继续咬着皮特的头颅。乔治急眼了，不顾一切地把北极熊推开，终于把熊吸引到了自己身边。皮特趁机从地上爬起来，血肉模糊地爬进了那扇铁门。

乔治跟北极熊继续纠缠，跟这个庞大凶猛的畜牲跳起"死亡双人舞"。北极熊一次次发起攻击，把乔治胸部和臂部都抓得皮开肉绽，浑身是血。乔治退到铁皮门口，摇摇晃晃冲进房子，"呼"地一声把铁门关上，插牢了门闩。

屋里的情况相当糟糕，皮特已经昏迷。乔治找到一只急救包，把皮特的头皮贴回去，又用酒精消毒，包上绷带，然后把皮特抱到床上，用毯子盖好。

乔治开始清理自己的伤口，肩上血肉模糊，有两块肉被撕裂，露出了白骨。他咬紧牙关，忍住一阵阵眩晕，用肥皂清洗伤口。等他清洗完伤口后，已经是筋疲力尽了。

乔治约好考察船星期三来接他，可是出事这一天是星期天，离船来还有三天。皮特失血过多，经常昏过去。乔治用无线电发出求救信号，并在房顶挖了一个孔，朝天发射照明弹，可惜没有过往船只。

乔治经常听到那只北极熊还在门外啃那些丢弃的鲸鱼骨和驯鹿骨，那声音令他心惊肉跳、毛骨悚然。

乔治不敢生火做饭，害怕北极熊见到烟又会向房子发起攻击，只好吃点干粮。那天夜里，他迷迷糊糊醒来，发现有熊爬墙壁的声音，他从窗口朝外一看，天啊！那只北极熊在爬厨房的窗口，鼻子和前爪紧贴着玻璃窗，两眼死死盯着他。星期二的晚上，他又听到房底下好像有响声，担心北极熊会从下面攻进来。

星期三总算盼到了，船终于靠上了岛，6 名游客登岸。船长用望远镜观察，发现考察站没有一点动静，而报务员却收到了考察站的呼救信号。船长立即向西斯匹次卑尔根群岛警察报告了考察站的情况。警察立即乘直升机赶到，发现北极熊还在考察站周围转。直升机降落后，警察在离熊 200 米处开枪射击把北极熊击毙了。救护人员进屋时，看到一片凄惨景象，到处血迹斑斑，伤口化脓的臭气弥漫全屋。

皮特和乔治最终脱离熊口得救了。

◎ 依水独居的水獭

水獭是半水栖兽类，它们傍水而居，常独居，不成群。多居自然洞穴，常爱住僻静堤岸有岩石隙缝、大树老根、蜿蜒曲折、通陆通水的洞窟。有时也栖息在竹林、草灌丛中，一般有一定的生活区域。往往在一个水系内从主流到支流，或从下游到上游巡回地觅食，亦能翻山越岭到另一条溪河，洪水淹洞或水中缺食时也常上陆觅食，滨海区的水獭尚有集群下海捕食的习惯。

水　獭

它们昼伏夜出，以鱼类、鼠类、蛙类、蟹、水鸟等为主食。善于游泳和潜水，一次可在水下停留 2 分钟。捕起鱼来像猫捉老鼠一样快捷，捕食前常在水边的石块上伏视，一旦发现猎物，即迅速扑捕。水獭嗜好捕鱼，即使饱

腹之后，它们还会无休无止地捕杀鱼类，因而对养鱼业危害极大。但聪明伶俐的水獭，经过半年训练，就可以成为一名为渔民效劳的捕鱼能手。

◎贪食聪明的海狮

海狮有10余种，体型最大的要算北海狮了。雄性北海狮体长4米，体重达1吨。雌兽较小，长2.5米，重几百千克。北海狮的数量也很多，达30万头。我们平时看到会顶球的海狮是加州海狮。成年的雄狮颈部周围生有长的鬣毛，其叫声也极像狮吼，因而有“海中狮王”之称。

北海狮

北海狮虽然体大强悍，但有时却胆小如鼠，在岸上活动时，哪怕是风吹草动，也会纷纷入海。睡眠时，它们也不放松警惕，总要有一两只站岗放哨，发现危险会立即发出信号，告知同伴赶紧逃跑。有人曾做过试验，把值班的海狮用麻醉箭射中，看看其他海狮会有什么反应。结果发现，值班海狮一倒下，周围其他海狮立即围了过来，其中一只嗅到那支麻醉箭的气味，迅速地发出警报，吼叫起来，睡意正浓的整群海狮随之一哄而起，向海里逃去。

海狮这种警觉性是从哪里来的呢？简单说，是靠它满脸的胡子。

海狮浓密的胡子基部，布满了纵横交错的神经，其复杂程度超过了像猫那样敏捷的陆生哺乳类动物。这些与神经密切相连的胡子，有很强的警觉作用，而且能感受声音。

人们都知道，海豚有精巧的回声定位系统，海狮也能通过声带部位向所处环境发射一系列声信号，然后收集目标反射回来的回声，以此对目标大小和形状获得一个精确的声印象。科学家做过试验，在8米左右的距离内，海狮能分辨出牛排和鱼不同的形象。反射音是靠什么监听的呢？就是它的胡子。

海狮也是个很贪食的动物，它主要吃乌贼和鱼类，而且食量惊人，性成熟的雄性海狮在人工饲养下，一天可吃 40 千克鱼，重 3 千克的鱼一口就能吞下。在自然海区里，它每天的食量要比人工饲养时多 3 ~4 倍。特别是它们经常像一群闯入宴席的饥饿之徒钻入渔网中狂吃乱嚼，网具被毁坏，鱼被吞食一空。因此渔民称它们是“现代鱼贼”。据统计，从 1956 年至 1960 年 4 年间，北海狮破坏的渔网资源，价值 3.3 亿美元。日本渔民把海狮视为渔业生产的大害。

海狮在生殖季节，要回故乡陆地繁殖，因此不惜千里迢迢，跨洋过海，奔向目的地。在它们大量集中的地方形成了繁殖场。

海狮是多配偶动物，一到生殖季节，年富力强的雄海狮首先赶到繁殖场，在岩石和礁上割疆而治。它们各自控制一个地盘，不准其他雄兽侵入，等待雌兽的到来。约 1 周之后，雌兽就陆续上岸了。这些到来的雌兽，一个个都大腹便便，是即将临产的孕兽。原来它们还怀着上次交配后的胎儿。

孕兽们分别进入各雄兽的占领区后，形成了一头雄兽和若干雌兽自由结合的独立王国，即生殖群或多雌群。生殖群中雌兽数目一般 10 ~20 头，雄兽身体越大越强壮，占有雌兽头数越多。有的科学家曾发现，一头雄兽占有雌兽 108 头，雄性个头是雌兽的 5 倍多。

海狮为什么要组成多雌群呢？这是因为它们在苍茫大海上各居一方，雌雄难得相见，为弥补其不足，提高妊娠率，就需要众多的海狮在繁殖期间都不约而同地返回诞生地，自择配偶。这才能使种族延续获得保障。

小海狮

初生的小海狮身体被厚密的绒毛裹住，能睁眼、能活动，跟母兽待在一起，分散在生殖场的各个角落。母兽要挪动位置时，就像老猫叼小猫一样，把小海狮衔在口里带走。

雌海狮产后 5 周即下海觅食，每隔 4 ~9 天回来一次。也许有人会问：生殖场成百上千只小海狮，母狮怎么认出自己的子女呢？据科学家观察，当母狮上陆后，先是连声高叫，小海狮听到这亲切的呼唤也立即应声回答，并急

切地朝母海狮方向加快了脚步。此时尽管生殖场叫声此起彼伏、熙熙攘攘，但母仔的声音彼此很熟悉，也能辨别得一清二楚。它们互相靠继续交流信号外，再辅以嗅觉，把鼻子伸到对方身上闻气味，犹如母子久别重逢。

母海狮对自己子女关爱备至，而对同伴的子女却冷酷无情，从不代为哺乳。有时母狮下海寻食时间太长，小海狮饥饿难忍，就去讨奶吃，被找的母狮就会气势汹汹地恐吓，用头把它顶开，再纠缠，就会把小海狮咬着向远处扔去。平时两头母狮打架，也会拿对方子女出气，把无辜的小家伙扔下崖去。

◎北冰洋的统治者——海象

海象是北冰洋的主人，它那圆柱状的体型，肥大粗壮，大者体长4米多，最大海象体长可达7米。海象的体重达1000多千克。它皮厚而多皱，全身披着短而稀疏的刚毛，体色棕灰，没有尾巴。海象的头小，眼小，视力很差，终日用它那突出嘴外的长牙翻开海底泥沙掘食贝类。它们的食量相当大，人们在一头海象胃里，发现了50千克还没有消化的食物。海象的长齿不仅是挖掘食物的工具，也是御敌和进行攻击的锐利武器。在缺乏食物的海区，饥饿的海象就用这对长利齿捕食海豹和鲸来填饱自己的肚子。

海　象

南海象是海象的一种，生活在南半球海洋中。南极半岛是大量南海象交配、产仔和换毛的地方。它们躯体硕大，雄的体长达5~6米，重约3000余千克；雌的体长3米左右，重约900千克。这种食肉哺乳类动物，主要以小鲨鱼、乌贼等为食，一生大部分时间生活在海水中，只是在繁殖和换毛时期才移到海岛或冰块上来。

海象的生殖方式，基本上跟海狮相同，也是多雌群的“一夫多妻制”。

10月份，雌海象开始产仔。通常只产1仔。小海象身披黑色绒毛，非常可爱。到了11月中旬或下旬，哺乳期结束，仔海象自己组成“幼儿园”，聚集在一起生活。长至成兽开始交配，大家庭逐渐瓦解，夫妻子女各奔东西，到海中觅食去了。待到翌年9～10月间，南海象们又另求“新欢”，组织新的“大家庭”了。

受伤的海象表现出惊人的狂暴，它会用背把小艇驮起，用利齿啃咬船舷，或者把人掀入冰冷的海水中。当它的小海象受到攻击时，它会奋不顾身与敌拼杀，保护小海象的安全。

海象寿命一般为30年左右。雌性5年成熟，雄性6年成熟。

海象的肉和脂肪均可食用，所以它们就成了居住在阿拉斯加沿岸的爱斯基摩人的生活资料。海象的皮下脂肪相当厚，一头海象可炼油160～300千克。海象的牙可用于象牙雕刻。

◎名不符实的海洋美人鱼——海牛和儒艮

古今中外，有许多关于“人鱼”和美人鱼的传说。中国古代有个叫谢中玉的人在《稽神录》一书中记有：“一腰下以鱼的妇女。常出没水中。”日本《和汉三才会图》一书记载：“……在西海的大洋中，有头像妇女，下半身像鱼的动物，无鳞，无脚。在两个鳍上有蹼，看上去似人手，常在暴风雨袭来之前出现。”古代欧洲人描绘的人鱼，也是下身似鱼，上身似妇女，有一对乳房，牛头，鸭脚。尽管不同地区对美人鱼形态的描述不同，然而对它栖息场所的记载却都相同，都说它生活在海中。古代希腊、埃及关于美人鱼的传说就更是神化了，把它们说成会唱歌的美丽海妖，当水手沉醉在它那美妙的歌声里时，船便失去操纵，驶到不可知的世界，再也不能回来，而且从海难中逃回的人们也说似乎听见了歌声。那么美人鱼的名称是怎么来的？到底海洋中有没有美人鱼呢？

儒　艮

原来海牛和儒艮在胸部都有1对乳房，乳房的位置与人相似，母兽以前肢拥抱仔兽喂奶，头部和胸部露出水面，宛如人在水中游泳，故有“美人鱼”之

称。海牛和儒艮的长相实在难看，人们常说猪是最丑陋的动物，而它们的面容比猪还要难看。上唇形成一个平的圆盘状，宛如猪的圆而平的鼻头，只是比猪的圆盘更大一些而已。整个头部为这个圆盘所占据，鼻孔被挤到头顶上，小眼睛，毛耳壳。圆盘上生有粗硬的触须。这副模样，实在是跟“美人鱼”雅号有天地之别。“美人鱼”这个名字，实际上是那些没有见过它的人想象出来的，本来丑陋的动物，却变成了誉满全球的十分温顺可亲的“美人鱼”了。

在海洋动物中，没有什么动物比海牛更温和、更谦恭的了。它们有一种与众不同的笨拙美，一种独特的优雅风度。这种与世无争的动物，吃的是海草、海藻，从来不给邻居找麻烦，也从来不打架，更不会对人发起攻击，甚至海牛妈妈去救助她的幼仔时，也没有狂怒行为。生活在美国佛罗里达沿海的海牛，只有千来只，如今被沿岸50万条大小游艇所威胁，海牛动作缓慢，来不及躲避游艇，常常被游艇螺旋桨划得皮开肉绽，但没有一条游艇被海牛攻击过。

海　牛

海牛类动物代表着一群生活在海洋或江河中的哺乳动物。它们共分5种，其中一种体长7~8米，体重4~5吨的大海牛，生活在白令海域，早在240年前就被人屠尽杀绝了。世界现存4种：生活在红海、印度洋、印尼、澳大利亚和我国台湾、广西海域中的儒艮，也叫南方小海牛；生活在墨西哥湾和加勒比海的美洲沿岸的美洲海牛；生活在亚马孙河的亚河海牛；分布于非洲西岸由塞内加尔向南至安哥拉的非洲海牛。现存的4种海牛，都是温顺的食草动物。一头海牛每天大约要吃掉45千克的海藻。人们正饲养海牛来清除海道中的杂草。它们性情温和、行动迟缓，同时不远离岸边。它们体长1.5~2.7米，灰白皮肤，膘肥肉胖，脂肪很厚，油可入药，可提炼润滑油，肉质软而味美，皮可制革。正因为如此，常常遭厄运，如果人类不加保护，总有一天会灭绝。